한솔 완벽한 연산

수학은 마라톤입니다.
지금 여러분은 출발 지점에 서 있습니다.
초등학교 저학년 때는
수학 마라톤을 잘 하기 위해
기초 체력을 튼튼히 길러야 합니다.

한솔 완벽한 연산으로 시작하세요.
마라톤을 잘 뛸 수 있는 완벽한 연산 실력을 키워줍니다.

한솔스쿨

왜 완벽한 연산인가요?

 기초 연산은 물론, 학교 연산까지 이 책 시리즈 하나면 완벽하게 끝나기 때문입니다. '한솔 완벽한 연산'은 하루 8쪽씩, 5일 동안 4주분을 학습하고, 마지막 주에는 학교 시험에 완벽하게 대비할 수 있도록 '연산 UP' 16쪽을 추가로 제공합니다.
매일 꾸준한 연습으로 연산 실력을 키우기에 충분한 학습량입니다.
'한솔 완벽한 연산' 하나면 기초 연산도 학교 연산도 완벽하게 대비할 수 있습니다.

몇 단계로 구성되고, 몇 학년이 풀 수 있나요?

모두 6단계로 구성되어 있습니다.
'한솔 완벽한 연산'은 한 단계가 1개 학년이 아닙니다. 연산의 기초 훈련이 가장 필요한 시기인 초등 2~3학년에 집중하여 여러 단계로 구성하였습니다.
이 시기에는 수학의 기초 체력을 튼튼히 길러야 하니까요.

단계	권장 학년	학습 내용
MA	6~7세	100까지의 수, 더하기와 빼기
MB	초등 1~2학년	한 자리 수의 덧셈, 두 자리 수의 덧셈
MC	초등 1~2학년	두 자리 수의 덧셈과 뺄셈
MD	초등 2~3학년	두·세 자리 수의 덧셈과 뺄셈
ME	초등 2~3학년	곱셈구구, (두·세 자리 수)×(한 자리 수), (두·세 자리 수)÷(한 자리 수)
MF	초등 3~4학년	(두·세 자리 수)×(두 자리 수), (두·세 자리 수)÷(두 자리 수), 분수·소수의 덧셈과 뺄셈

책 한 권은 어떻게 구성되어 있나요?

책 한 권은 모두 4주 학습으로 구성되어 있습니다.
한 주는 모두 40쪽으로 하루에 8쪽씩, 5일 동안 푸는 것을 권장합니다.
마지막 5주차에는 학교 시험에 대비할 수 있는 '연산 UP'을 학습합니다.

'한솔 완벽한 연산'도 매일매일 풀어야 하나요?

물론입니다. 매일매일 규칙적으로 연습을 해야 연산 능력이 향상되기 때문입니다.
월요일부터 금요일까지 매일 8쪽씩, 4주 동안 규칙적으로 풀고, 마지막 주에
'연산 UP' 16쪽을 다 풀면 한 권 학습이 끝납니다.
매일매일 푸는 습관이 잡히면 개인 진도에 따라 두 달에 3권을 푸는 것도 가능
합니다.

하루 8쪽씩이라구요? 너무 많은 양 아닌가요?

'한솔 완벽한 연산'은 술술 풀면서 잘 넘어가는 학습지입니다.
공부하는 학생 입장에서는 빡빡한 문제를 4쪽 푸는 것보다 술술 넘어가는 문제를
8쪽 푸는 것이 훨씬 큰 성취감을 느낄 수 있습니다.
'한솔 완벽한 연산'은 학생의 연령을 고려해 쪽당 학습량을 전략적으로 구성했습니
다. 그래서 학생이 부담을 덜 느끼면서 효과적으로 학습할 수 있습니다.

학교 진도와 맞추려면 어떻게 공부해야 하나요?

✏️ 이 책은 한 권을 한 달 동안 푸는 것을 권장합니다.
각 단계별 학교 진도는 다음과 같습니다.

단계	MA	MB	MC	MD	ME	MF
권 수	8권	5권	7권	7권	7권	7권
학교 진도	초등 이전	초등 1학년	초등 2학년	초등 3학년	초등 3학년	초등 4학년

초등학교 1학년이 3월에 MB 단계부터 매달 1권씩 꾸준히 푼다고 한다면 2학년이 시작될 때 MD 단계를 풀게 되고, 3학년 때 MF 단계(4학년 과정)까지 마무리할 수 있습니다.

이 책 시리즈로 꼼꼼히 학습하게 되면 일반 방문학습지 못지 않게 충분한 연산 실력을 쌓게 되고 조금씩 다음 학년 진도까지 학습할 수 있다는 장점이 있습니다.

매일 꾸준히 성실하게 학습한다면 학년 구분 없이 원하는 진도를 스스로 계획하고 진행해 나갈 수 있습니다.

❓ '연산 UP'은 어떻게 공부해야 하나요?

✏️ '연산 UP'은 4주 동안 훈련한 연산 능력을 확인하는 과정이자 학교에서 흔히 접하는 계산 유형 문제까지 접할 수 있는 코너입니다.
'연산 UP'의 구성은 다음과 같습니다.

1단계	→	2단계	→	3단계
4주 학습 총정리 문제		연산력 강화를 위한 연산 활용 문제		연산력 강화를 위한 문장제

'연산 UP'은 모두 16쪽으로 구성되었으므로 하루 8쪽씩 2일 동안 학습하고, 다음 단계로 진행할 것을 권장합니다.

MA 6~7세

권	제목	주차별 학습 내용	
1	20까지의 수 1	1주	5까지의 수 (1)
		2주	5까지의 수 (2)
		3주	5까지의 수 (3)
		4주	10까지의 수
2	20까지의 수 2	1주	10까지의 수 (1)
		2주	10까지의 수 (2)
		3주	20까지의 수 (1)
		4주	20까지의 수 (2)
3	20까지의 수 3	1주	20까지의 수 (1)
		2주	20까지의 수 (2)
		3주	20까지의 수 (3)
		4주	20까지의 수 (4)
4	50까지의 수	1주	50까지의 수 (1)
		2주	50까지의 수 (2)
		3주	50까지의 수 (3)
		4주	50까지의 수 (4)
5	1000까지의 수	1주	100까지의 수 (1)
		2주	100까지의 수 (2)
		3주	100까지의 수 (3)
		4주	1000까지의 수
6	수 가르기와 모으기	1주	수 가르기 (1)
		2주	수 가르기 (2)
		3주	수 모으기 (1)
		4주	수 모으기 (2)
7	덧셈의 기초	1주	상황 속 덧셈
		2주	더하기 1
		3주	더하기 2
		4주	더하기 3
8	뺄셈의 기초	1주	상황 속 뺄셈
		2주	빼기 1
		3주	빼기 2
		4주	빼기 3

MB 초등 1 · 2학년 ①

권	제목	주차별 학습 내용	
1	덧셈 1	1주	받아올림이 없는 (한 자리 수)+(한 자리 수) (1)
		2주	받아올림이 없는 (한 자리 수)+(한 자리 수) (2)
		3주	받아올림이 없는 (한 자리 수)+(한 자리 수) (3)
		4주	받아올림이 없는 (두 자리 수)+(한 자리 수)
2	덧셈 2	1주	받아올림이 있는 (두 자리 수)+(한 자리 수)
		2주	받아올림이 있는 (한 자리 수)+(한 자리 수) (1)
		3주	받아올림이 있는 (한 자리 수)+(한 자리 수) (2)
		4주	받아올림이 있는 (한 자리 수)+(한 자리 수) (3)
3	뺄셈 1	1주	(한 자리 수)-(한 자리 수) (1)
		2주	(한 자리 수)-(한 자리 수) (2)
		3주	(한 자리 수)-(한 자리 수) (3)
		4주	받아내림이 없는 (두 자리 수)-(한 자리 수)
4	뺄셈 2	1주	받아내림이 없는 (두 자리 수)-(한 자리 수)
		2주	받아내림이 있는 (두 자리 수)-(한 자리 수) (1)
		3주	받아내림이 있는 (두 자리 수)-(한 자리 수) (2)
		4주	받아내림이 있는 (두 자리 수)-(한 자리 수) (3)
5	덧셈과 뺄셈의 완성	1주	(한 자리 수)+(한 자리 수), (한 자리 수)+(한 자리 수)
		2주	세 수의 덧셈, 세 수의 뺄셈 (1)
		3주	(한 자리 수)+(한 자리 수), (두 자리 수)-(한 자리 수)
		4주	세 수의 덧셈, 세 수의 뺄셈 (2)

MC 초등 1 · 2학년 ②

권	제목		주차별 학습 내용
1	두 자리 수의 덧셈 1	1주	받아올림이 없는 (두 자리 수)+(한 자리 수)
		2주	몇십 만들기
		3주	받아올림이 있는 (두 자리 수)+(한 자리 수) (1)
		4주	받아올림이 있는 (두 자리 수)+(한 자리 수) (2)
2	두 자리 수의 덧셈 2	1주	받아올림이 없는 (두 자리 수)+(두 자리 수) (1)
		2주	받아올림이 없는 (두 자리 수)+(두 자리 수) (2)
		3주	받아올림이 없는 (두 자리 수)+(두 자리 수) (3)
		4주	받아올림이 없는 (두 자리 수)+(두 자리 수) (4)
3	두 자리 수의 덧셈 3	1주	받아올림이 있는 (두 자리 수)+(두 자리 수) (1)
		2주	받아올림이 있는 (두 자리 수)+(두 자리 수) (2)
		3주	받아올림이 있는 (두 자리 수)+(두 자리 수) (3)
		4주	받아올림이 있는 (두 자리 수)+(두 자리 수) (4)
4	두 자리 수의 뺄셈 1	1주	받아내림이 없는 (두 자리 수)−(한 자리 수)
		2주	몇십에서 빼기
		3주	받아내림이 있는 (두 자리 수)−(한 자리 수) (1)
		4주	받아내림이 있는 (두 자리 수)−(한 자리 수) (2)
5	두 자리 수의 뺄셈 2	1주	받아내림이 없는 (두 자리 수)−(두 자리 수) (1)
		2주	받아내림이 없는 (두 자리 수)−(두 자리 수) (2)
		3주	받아내림이 없는 (두 자리 수)−(두 자리 수) (3)
		4주	받아내림이 없는 (두 자리 수)−(두 자리 수) (4)
6	두 자리 수의 뺄셈 3	1주	받아내림이 있는 (두 자리 수)−(두 자리 수) (1)
		2주	받아내림이 있는 (두 자리 수)−(두 자리 수) (2)
		3주	받아내림이 있는 (두 자리 수)−(두 자리 수) (3)
		4주	받아내림이 있는 (두 자리 수)−(두 자리 수) (4)
7	덧셈과 뺄셈의 완성	1주	세 수의 덧셈
		2주	세 수의 뺄셈
		3주	(두 자리 수)+(한 자리 수), (두 자리 수)−(한 자리 수) 종합
		4주	(두 자리 수)+(두 자리 수), (두 자리 수)−(두 자리 수) 종합

MD 초등 2 · 3학년 ①

권	제목		주차별 학습 내용
1	두 자리 수의 덧셈	1주	받아올림이 있는 (두 자리 수)+(두 자리 수) (1)
		2주	받아올림이 있는 (두 자리 수)+(두 자리 수) (2)
		3주	받아올림이 있는 (두 자리 수)+(두 자리 수) (3)
		4주	받아올림이 있는 (두 자리 수)+(두 자리 수) (4)
2	세 자리 수의 덧셈 1	1주	받아올림이 없는 (세 자리 수)+(두 자리 수)
		2주	받아올림이 있는 (세 자리 수)+(두 자리 수) (1)
		3주	받아올림이 있는 (세 자리 수)+(두 자리 수) (2)
		4주	받아올림이 있는 (세 자리 수)+(두 자리 수) (3)
3	세 자리 수의 덧셈 2	1주	받아올림이 있는 (세 자리 수)+(세 자리 수) (1)
		2주	받아올림이 있는 (세 자리 수)+(세 자리 수) (2)
		3주	받아올림이 있는 (세 자리 수)+(세 자리 수) (3)
		4주	받아올림이 있는 (세 자리 수)+(세 자리 수) (4)
4	두·세 자리 수의 뺄셈	1주	받아내림이 있는 (두 자리 수)−(두 자리 수) (1)
		2주	받아내림이 있는 (두 자리 수)−(두 자리 수) (2)
		3주	받아내림이 있는 (두 자리 수)−(두 자리 수) (3)
		4주	받아내림이 없는 (세 자리 수)−(두 자리 수)
5	세 자리 수의 뺄셈 1	1주	받아내림이 있는 (세 자리 수)−(두 자리 수) (1)
		2주	받아내림이 있는 (세 자리 수)−(두 자리 수) (2)
		3주	받아내림이 있는 (세 자리 수)−(두 자리 수) (3)
		4주	받아내림이 있는 (세 자리 수)−(두 자리 수) (4)
6	세 자리 수의 뺄셈 2	1주	받아내림이 있는 (세 자리 수)−(세 자리 수) (1)
		2주	받아내림이 있는 (세 자리 수)−(세 자리 수) (2)
		3주	받아내림이 있는 (세 자리 수)−(세 자리 수) (3)
		4주	받아내림이 있는 (세 자리 수)−(세 자리 수) (4)
7	덧셈과 뺄셈의 완성	1주	덧셈의 완성 (1)
		2주	덧셈의 완성 (2)
		3주	뺄셈의 완성 (1)
		4주	뺄셈의 완성 (2)

주별 학습 내용   ME단계 **7**권

ME 단계 7 권

(두 자리 수)÷(한 자리 수) (1)

1주차

요일	교재 번호	학습한 날짜		확인
1일차(월)	01~08	월	일	
2일차(화)	09~16	월	일	
3일차(수)	17~24	월	일	
4일차(목)	25~32	월	일	
5일차(금)	33~40	월	일	

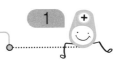

● 나눗셈을 하시오.

(1)

$$2 \overline{)2\ 1}$$

(2)

$$3 \overline{)3\ 8}$$

(3)

$$2 \overline{)5\ 5}$$

(4)

$$5 \overline{)8\ 5}$$

(5)

$$2 \overline{)4\ 9}$$

(6)

$$7 \overline{)8\ 2}$$

(7)

$$3 \overline{)6\ 7}$$

(8)

$$8 \overline{)9\ 2}$$

(9)

$$3 \overline{)3\ 9}$$

(12)

$$4 \overline{)6\ 6}$$

(10)

$$6 \overline{)9\ 1}$$

(13)

$$2 \overline{)4\ 1}$$

(11)

$$5 \overline{)5\ 2}$$

(14)

$$8 \overline{)8\ 9}$$

● 나눗셈을 하고, 검산하시오.

(15)

$$7 \overline{)9\ 6}$$

검산 $7 \times \boxed{} + \boxed{} = \boxed{}$

(16)

$$5 \overline{)7\ 2}$$

검산 $5 \times \boxed{} + \boxed{} = \boxed{}$

ME01 (두 자리 수) ÷ (한 자리 수) (1)

● 나눗셈을 하시오.

(1)

$$2\overline{)2\ 4}$$

(5)

$$4\overline{)2\ 4}$$

(2)

$$3\overline{)3\ 2}$$

(6)

$$5\overline{)3\ 2}$$

(3)

$$2\overline{)2\ 6}$$

(7)

$$3\overline{)2\ 6}$$

(4)

$$3\overline{)3\ 5}$$

(8)

$$6\overline{)3\ 5}$$

(9)

$$3 \overline{)1\ 2}$$

(13)

$$6 \overline{)1\ 2}$$

(10)

$$2 \overline{)3\ 2}$$

(14)

$$2 \overline{)3\ 8}$$

(11)

$$3 \overline{)2\ 4}$$

(15)

$$2 \overline{)2\ 8}$$

(12)

$$5 \overline{)2\ 9}$$

(16)

$$2 \overline{)2\ 9}$$

ME01 (두 자리 수) ÷ (한 자리 수) (1)

● 나눗셈을 하시오.

(1)

$4\overline{)39}$

(5)

$4\overline{)28}$

(2)

$3\overline{)31}$

(6)

$6\overline{)31}$

(3)

$3\overline{)37}$

(7)

$2\overline{)36}$

(4)

$2\overline{)19}$

(8)

$2\overline{)33}$

(9)

$$2 \overline{)28}$$

(13)

$$6 \overline{)28}$$

(10)

$$2 \overline{)37}$$

(14)

$$3 \overline{)30}$$

(11)

$$4 \overline{)16}$$

(15)

$$6 \overline{)19}$$

(12)

$$5 \overline{)39}$$

(16)

$$4 \overline{)29}$$

ME01 (두 자리 수) ÷ (한 자리 수) (1)

● 나눗셈을 하시오.

(1)

$$3 \overline{)3\ 3}$$

(5)

$$4 \overline{)3\ 3}$$

(2)

$$5 \overline{)3\ 1}$$

(6)

$$2 \overline{)3\ 9}$$

(3)

$$4 \overline{)3\ 2}$$

(7)

$$2 \overline{)2\ 0}$$

(4)

$$5 \overline{)2\ 5}$$

(8)

$$3 \overline{)3\ 4}$$

(9)

2$\overline{)3\ 0}$

(13)

2$\overline{)2\ 5}$

(10)

7$\overline{)1\ 8}$

(14)

7$\overline{)3\ 4}$

(11)

2$\overline{)2\ 3}$

(15)

6$\overline{)3\ 2}$

(12)

4$\overline{)2\ 1}$

(16)

2$\overline{)2\ 1}$

ME01 (두 자리 수) ÷ (한 자리 수) (1)

● 나눗셈을 하시오.

(1)

$5 \overline{)2\ 6}$

(2)

$3 \overline{)3\ 5}$

(3)

$3 \overline{)3\ 7}$

(4)

$2 \overline{)1\ 7}$

(5)

$4 \overline{)2\ 6}$

(6)

$6 \overline{)3\ 9}$

(7)

$2 \overline{)2\ 2}$

(8)

$2 \overline{)2\ 7}$

(9)

$$7 \overline{)3\ 9}$$

(10)

$$2 \overline{)2\ 9}$$

(11)

$$2 \overline{)3\ 1}$$

(12)

$$2 \overline{)3\ 5}$$

(13)

$$5 \overline{)3\ 0}$$

(14)

$$5 \overline{)3\ 4}$$

(15)

$$2 \overline{)3\ 2}$$

(16)

$$4 \overline{)3\ 5}$$

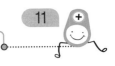

ME01 (두 자리 수) ÷ (한 자리 수) (1)

● 나눗셈을 하시오.

(1)
$$5\overline{)23}$$

(5)
$$6\overline{)37}$$

(2)
$$2\overline{)48}$$

(6)
$$4\overline{)48}$$

(3)
$$4\overline{)40}$$

(7)
$$7\overline{)41}$$

(4)
$$4\overline{)31}$$

(8)
$$4\overline{)43}$$

(9)

$3\overline{)2\ 4}$

(13)

$3\overline{)4\ 3}$

(10)

$7\overline{)4\ 4}$

(14)

$3\overline{)4\ 4}$

(11)

$4\overline{)3\ 8}$

(15)

$4\overline{)4\ 9}$

(12)

$5\overline{)3\ 2}$

(16)

$4\overline{)4\ 6}$

ME01 (두 자리 수)÷(한 자리 수) (1)

● 나눗셈을 하시오.

(1)

$4\overline{)27}$

(5)

$4\overline{)25}$

(2)

$3\overline{)46}$

(6)

$2\overline{)45}$

(3)

$4\overline{)44}$

(7)

$9\overline{)44}$

(4)

$8\overline{)34}$

(8)

$4\overline{)41}$

(9)

$8\overline{)22}$

(13)

$3\overline{)42}$

(10)

$3\overline{)45}$

(14)

$8\overline{)45}$

(11)

$5\overline{)33}$

(15)

$2\overline{)43}$

(12)

$4\overline{)47}$

(16)

$9\overline{)46}$

ME01 (두 자리 수) ÷ (한 자리 수) (1)

● 나눗셈을 하시오.

(1)

$6 \overline{)2\ 9}$

(5)

$4 \overline{)4\ 5}$

(2)

$2 \overline{)4\ 1}$

(6)

$3 \overline{)4\ 0}$

(3)

$6 \overline{)3\ 8}$

(7)

$5 \overline{)3\ 8}$

(4)

$2 \overline{)4\ 4}$

(8)

$9 \overline{)4\ 3}$

(9)

$$8 \overline{)\ 3\ 7}$$

(10)

$$5 \overline{)\ 4\ 0}$$

(11)

$$3 \overline{)\ 4\ 9}$$

(12)

$$6 \overline{)\ 2\ 0}$$

(13)

$$5 \overline{)\ 3\ 7}$$

(14)

$$3 \overline{)\ 4\ 8}$$

(15)

$$2 \overline{)\ 4\ 6}$$

(16)

$$2 \overline{)\ 4\ 2}$$

ME01 (두 자리 수) ÷ (한 자리 수) (1)

● 나눗셈을 하시오.

(1)

$6 \overline{\smash{)}22}$

(5)

$2 \overline{\smash{)}37}$

(2)

$2 \overline{\smash{)}47}$

(6)

$4 \overline{\smash{)}42}$

(3)

$9 \overline{\smash{)}47}$

(7)

$4 \overline{\smash{)}37}$

(4)

$7 \overline{\smash{)}23}$

(8)

$3 \overline{\smash{)}41}$

(9)

$$7 \overline{)3\ 2}$$

(10)

$$4 \overline{)3\ 4}$$

(11)

$$3 \overline{)4\ 5}$$

(12)

$$6 \overline{)4\ 3}$$

(13)

$$3 \overline{)4\ 6}$$

(14)

$$5 \overline{)4\ 5}$$

(15)

$$3 \overline{)4\ 7}$$

(16)

$$2 \overline{)4\ 8}$$

ME01 (두 자리 수) ÷ (한 자리 수) (1)

● 나눗셈을 하시오.

(1)

$2 \overline{)40}$

(5)

$8 \overline{)39}$

(2)

$7 \overline{)35}$

(6)

$5 \overline{)57}$

(3)

$3 \overline{)53}$

(7)

$6 \overline{)42}$

(4)

$2 \overline{)51}$

(8)

$6 \overline{)52}$

(9)

$$9\overline{)35}$$

(10)

$$6\overline{)33}$$

(11)

$$3\overline{)56}$$

(12)

$$5\overline{)54}$$

(13)

$$8\overline{)48}$$

(14)

$$5\overline{)49}$$

(15)

$$2\overline{)54}$$

(16)

$$4\overline{)50}$$

ME01 (두 자리 수)÷(한 자리 수) (1)

● 나눗셈을 하시오.

(1)

$9\overline{)48}$

(2)

$7\overline{)31}$

(3)

$6\overline{)54}$

(4)

$2\overline{)53}$

(5)

$3\overline{)57}$

(6)

$3\overline{)54}$

(7)

$8\overline{)47}$

(8)

$4\overline{)53}$

(9)

$8 \overline{)\ 3\ 5}$

(13)

$8 \overline{)\ 5\ 5}$

(10)

$5 \overline{)\ 5\ 3}$

(14)

$4 \overline{)\ 5\ 7}$

(11)

$4 \overline{)\ 5\ 1}$

(15)

$6 \overline{)\ 4\ 0}$

(12)

$7 \overline{)\ 3\ 6}$

(16)

$5 \overline{)\ 5\ 6}$

ME01 (두 자리 수) ÷ (한 자리 수) (1)

● 나눗셈을 하시오.

(1)

$7\overline{)38}$

(2)

$7\overline{)33}$

(3)

$2\overline{)57}$

(4)

$5\overline{)58}$

(5)

$4\overline{)55}$

(6)

$3\overline{)55}$

(7)

$9\overline{)39}$

(8)

$9\overline{)49}$

(9)

$$4 \overline{\smash{)}5\ 4}$$

(13)

$$3 \overline{\smash{)}5\ 2}$$

(10)

$$2 \overline{\smash{)}5\ 6}$$

(14)

$$9 \overline{\smash{)}3\ 3}$$

(11)

$$6 \overline{\smash{)}5\ 3}$$

(15)

$$5 \overline{\smash{)}5\ 9}$$

(12)

$$7 \overline{\smash{)}5\ 5}$$

(16)

$$8 \overline{\smash{)}4\ 9}$$

ME01 (두 자리 수) ÷ (한 자리 수) (1)

● 나눗셈을 하시오.

(1)

$$8\overline{)36}$$

(2)

$$8\overline{)31}$$

(3)

$$4\overline{)52}$$

(4)

$$7\overline{)54}$$

(5)

$$5\overline{)51}$$

(6)

$$6\overline{)47}$$

(7)

$$3\overline{)50}$$

(8)

$$4\overline{)59}$$

(9)

$$7 \overline{)3\ 0}$$

(10)

$$6 \overline{)4\ 1}$$

(11)

$$5 \overline{)4\ 5}$$

(12)

$$8 \overline{)4\ 6}$$

(13)

$$4 \overline{)5\ 6}$$

(14)

$$4 \overline{)5\ 8}$$

(15)

$$3 \overline{)5\ 9}$$

(16)

$$2 \overline{)5\ 0}$$

ME01 (두 자리 수) ÷ (한 자리 수) (1)

● 나눗셈을 하시오.

(1)

$$7\overline{)46}$$

(2)

$$5\overline{)61}$$

(3)

$$4\overline{)61}$$

(4)

$$7\overline{)57}$$

(5)

$$8\overline{)53}$$

(6)

$$6\overline{)67}$$

(7)

$$8\overline{)44}$$

(8)

$$6\overline{)63}$$

(9)

$$9 \overline{)41}$$

(13)

$$5 \overline{)62}$$

(10)

$$6 \overline{)61}$$

(14)

$$7 \overline{)62}$$

(11)

$$8 \overline{)43}$$

(15)

$$8 \overline{)65}$$

(12)

$$5 \overline{)56}$$

(16)

$$4 \overline{)64}$$

ME01 (두 자리 수) ÷ (한 자리 수) (1)

● 나눗셈을 하시오.

(1)

$$7\overline{)4\ 3}$$

(5)

$$9\overline{)5\ 3}$$

(2)

$$3\overline{)5\ 1}$$

(6)

$$6\overline{)6\ 4}$$

(3)

$$7\overline{)6\ 1}$$

(7)

$$5\overline{)6\ 3}$$

(4)

$$2\overline{)5\ 8}$$

(8)

$$8\overline{)6\ 3}$$

(9)

$$5 \overline{)55}$$

(10)

$$7 \overline{)56}$$

(11)

$$8 \overline{)54}$$

(12)

$$9 \overline{)40}$$

(13)

$$2 \overline{)61}$$

(14)

$$4 \overline{)63}$$

(15)

$$6 \overline{)65}$$

(16)

$$9 \overline{)62}$$

ME01 (두 자리 수) ÷ (한 자리 수) (1)

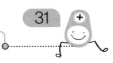

● 나눗셈을 하시오.

(1)

$$3\overline{)6\ 2}$$

(2)

$$9\overline{)4\ 2}$$

(3)

$$6\overline{)6\ 7}$$

(4)

$$7\overline{)4\ 0}$$

(5)

$$5\overline{)6\ 4}$$

(6)

$$7\overline{)6\ 5}$$

(7)

$$4\overline{)5\ 7}$$

(8)

$$9\overline{)5\ 4}$$

(9)

$$3 \overline{)6\ 1}$$

(10)

$$8 \overline{)5\ 8}$$

(11)

$$6 \overline{)6\ 9}$$

(12)

$$8 \overline{)6\ 2}$$

(13)

$$6 \overline{)6\ 8}$$

(14)

$$7 \overline{)6\ 3}$$

(15)

$$5 \overline{)6\ 7}$$

(16)

$$9 \overline{)6\ 1}$$

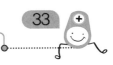

ME01 (두 자리 수) ÷ (한 자리 수) (1)

● 나눗셈을 하시오.

(1)
$$2\overline{)5\ 2}$$

(5)
$$9\overline{)3\ 6}$$

(2)
$$8\overline{)5\ 2}$$

(6)
$$6\overline{)6\ 0}$$

(3)
$$7\overline{)4\ 7}$$

(7)
$$5\overline{)6\ 8}$$

(4)
$$7\overline{)4\ 8}$$

(8)
$$4\overline{)6\ 5}$$

(9)

$$3 \overline{)5\ 7}$$

(13)

$$6 \overline{)6\ 2}$$

(10)

$$9 \overline{)3\ 2}$$

(14)

$$3 \overline{)5\ 8}$$

(11)

$$9 \overline{)5\ 6}$$

(15)

$$8 \overline{)4\ 1}$$

(12)

$$8 \overline{)3\ 3}$$

(16)

$$5 \overline{)6\ 9}$$

ME01 (두 자리 수) ÷ (한 자리 수) (1)

● 나눗셈을 하시오.

(1)

$6\overline{)56}$

(2)

$9\overline{)34}$

(3)

$5\overline{)66}$

(4)

$9\overline{)45}$

(5)

$4\overline{)62}$

(6)

$5\overline{)50}$

(7)

$6\overline{)57}$

(8)

$2\overline{)63}$

(9)

$$3 \overline{) 6 \ 4}$$

(10)

$$6 \overline{) 6 \ 6}$$

(11)

$$5 \overline{) 6 \ 1}$$

(12)

$$7 \overline{) 4 \ 5}$$

(13)

$$4 \overline{) 6 \ 7}$$

(14)

$$3 \overline{) 2 \ 5}$$

(15)

$$8 \overline{) 4 \ 2}$$

(16)

$$6 \overline{) 5 \ 9}$$

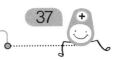

ME01 (두 자리 수) ÷ (한 자리 수) (1)

● 잘못 계산한 것을 찾아 ×하고, 보기와 같이 바르게 고치시오.

보기

$$\begin{array}{r} 8\ 0 \cdots 3 \\ 7{\overline{)\,5\ 9}} \end{array}$$ (×) → $$\begin{array}{r} 8 \cdots 3 \\ 7{\overline{)\,5\ 9}} \end{array}$$

---

(1)

$$\begin{array}{r} 8\ 0 \cdots 1 \\ 6{\overline{)\,4\ 9}} \end{array}$$ ( ) →

(2)

$$\begin{array}{r} 9\ 0 \cdots 4 \\ 7{\overline{)\,6\ 7}} \end{array}$$ ( ) →

(3)

$$\begin{array}{r} 4 \cdots 1 \\ 9{\overline{)\,3\ 7}} \end{array}$$ ( ) →

Talk 나눗셈의 세로셈에서는 자릿수를 정확하게 맞추어 계산하는 것이 중요합니다.

(4)

$$5\overline{)28} = 50 \cdots 3$$

( ) →

(5)

$$4\overline{)32} = 80$$

( ) →

(6)

$$9\overline{)63} = 7$$

( ) →

(7)

$$8\overline{)61} = 70 \cdots 5$$

( ) →

(8)

$$8\overline{)28} = 30 \cdots 4$$

( ) →

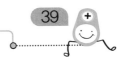

ME01 (두 자리 수) ÷ (한 자리 수) (1)

● 잘못 계산한 것을 찾아 ×하고, 보기와 같이 바르게 고치시오.

보기

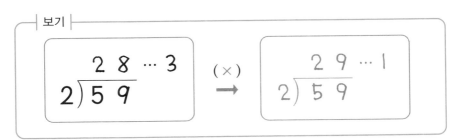

$$2\overline{)59} \quad \begin{array}{r} 2\ 8 \cdots 3 \end{array}$$ (×) → $$2\overline{)59} \quad \begin{array}{r} 2\ 9 \cdots 1 \end{array}$$

(1)
$$4\overline{)46} \quad \begin{array}{r} 1\ 0 \cdots 6 \end{array}$$ ( ) →

(2)
$$6\overline{)39} \quad \begin{array}{r} 6 \cdots 3 \end{array}$$ ( ) →

(3)
$$8\overline{)54} \quad \begin{array}{r} 5 \cdots 14 \end{array}$$ ( ) →

Talk $$2\overline{)59} \quad \begin{array}{r} 2\ 9 \cdots 1 \end{array}$$ 나눗셈에서 나머지(●)는 나누는 수(▲)보다 작아야 합니다.

(4)

$$8 \overline{)\,5\ 7} \quad 7 \cdots 1$$

( ) →

(5)

$$6 \overline{)\,2\ 3} \quad 2 \cdots 11$$

( ) →

(6)

$$5 \overline{)\,4\ 6} \quad 8 \cdots 6$$

( ) →

(7)

$$2 \overline{)\,6\ 9} \quad 3\ 3 \cdots 3$$

( ) →

(8)

$$6 \overline{)\,5\ 1} \quad 7 \cdots 9$$

( ) →

ME 단계 7 권

(두 자리 수)÷(한 자리 수) (2)

2주차

요일	교재 번호	학습한 날짜		확인
1일차(월)	01~08	월	일	
2일차(화)	09~16	월	일	
3일차(수)	17~24	월	일	
4일차(목)	25~32	월	일	
5일차(금)	33~40	월	일	

● 나눗셈을 하시오.

(1)

$7 \overline{) 2\ 5}$

(2)

$8 \overline{) 3\ 0}$

(3)

$3 \overline{) 5\ 1}$

(4)

$2 \overline{) 4\ 5}$

(5)

$7 \overline{) 5\ 0}$

(6)

$2 \overline{) 6\ 2}$

(7)

$4 \overline{) 6\ 9}$

(8)

$3 \overline{) 6\ 8}$

(9)

$8 \overline{)21}$

(10)

$9 \overline{)37}$

(11)

$3 \overline{)60}$

(12)

$2 \overline{)67}$

(13)

$5 \overline{)42}$

(14)

$9 \overline{)52}$

(15)

$4 \overline{)68}$

(16)

$7 \overline{)53}$

3

● 나눗셈을 하시오.

(1)

$7\overline{)5\ 2}$

(2)

$3\overline{)6\ 6}$

(3)

$9\overline{)6\ 7}$

(4)

$5\overline{)6\ 5}$

(5)

$8\overline{)5\ 0}$

(6)

$4\overline{)7\ 1}$

(7)

$7\overline{)7\ 1}$

(8)

$7\overline{)7\ 0}$

(9)

$$2 \overline{) 6\ 3}$$

(13)

$$6 \overline{) 7\ 3}$$

(10)

$$6 \overline{) 5\ 5}$$

(14)

$$7 \overline{) 6\ 4}$$

(11)

$$5 \overline{) 6\ 0}$$

(15)

$$8 \overline{) 7\ 1}$$

(12)

$$7 \overline{) 7\ 8}$$

(16)

$$6 \overline{) 7\ 7}$$

ME02 (두 자리 수) ÷ (한 자리 수) (2)

● 나눗셈을 하시오.

(1)

$9\overline{)65}$

(2)

$5\overline{)70}$

(3)

$6\overline{)71}$

(4)

$7\overline{)72}$

(5)

$2\overline{)66}$

(6)

$3\overline{)71}$

(7)

$5\overline{)71}$

(8)

$8\overline{)73}$

(9)

$$8 \overline{)5\ 1}$$

(13)

$$2 \overline{)6\ 8}$$

(10)

$$3 \overline{)6\ 3}$$

(14)

$$6 \overline{)7\ 0}$$

(11)

$$7 \overline{)7\ 4}$$

(15)

$$8 \overline{)5\ 9}$$

(12)

$$7 \overline{)6\ 1}$$

(16)

$$4 \overline{)7\ 3}$$

● 나눗셈을 하시오.

(1)

$$3 \overline{) 6\ 9}$$

(2)

$$2 \overline{) 7\ 1}$$

(3)

$$5 \overline{) 7\ 2}$$

(4)

$$7 \overline{) 7\ 5}$$

(5)

$$6 \overline{) 5\ 8}$$

(6)

$$8 \overline{) 5\ 5}$$

(7)

$$4 \overline{) 7\ 6}$$

(8)

$$9 \overline{) 7\ 4}$$

(9)

$$3 \overline{)7\ 3}$$

(13)

$$7 \overline{)5\ 8}$$

(10)

$$4 \overline{)7\ 2}$$

(14)

$$2 \overline{)7\ 2}$$

(11)

$$8 \overline{)5\ 7}$$

(15)

$$9 \overline{)5\ 9}$$

(12)

$$6 \overline{)7\ 2}$$

(16)

$$7 \overline{)7\ 3}$$

ME02 (두 자리 수) ÷ (한 자리 수) (2)

● 나눗셈을 하시오.

(1)

$$7\overline{)66}$$

(5)

$$7\overline{)76}$$

(2)

$$7\overline{)69}$$

(6)

$$7\overline{)79}$$

(3)

$$4\overline{)55}$$

(7)

$$5\overline{)73}$$

(4)

$$2\overline{)73}$$

(8)

$$9\overline{)71}$$

(9)

$$7 \overline{)\ 7\ 7}$$

(13)

$$5 \overline{)\ 7\ 4}$$

(10)

$$9 \overline{)\ 6\ 8}$$

(14)

$$4 \overline{)\ 7\ 0}$$

(11)

$$8 \overline{)\ 6\ 0}$$

(15)

$$6 \overline{)\ 5\ 0}$$

(12)

$$3 \overline{)\ 7\ 4}$$

(16)

$$4 \overline{)\ 7\ 5}$$

ME02 (두 자리 수) ÷ (한 자리 수) (2)

● 나눗셈을 하시오.

(1)

$$3 \overline{)\, 6 \ 7}$$

(5)

$$7 \overline{)\, 6 \ 8}$$

(2)

$$7 \overline{)\, 6 \ 0}$$

(6)

$$2 \overline{)\, 7 \ 0}$$

(3)

$$8 \overline{)\, 8 \ 0}$$

(7)

$$9 \overline{)\, 6 \ 9}$$

(4)

$$4 \overline{)\, 7 \ 4}$$

(8)

$$7 \overline{)\, 8 \ 1}$$

(9)

$$8 \overline{)\ 6\ 8}$$

(13)

$$8 \overline{)\ 6\ 7}$$

(10)

$$2 \overline{)\ 8\ 1}$$

(14)

$$3 \overline{)\ 7\ 2}$$

(11)

$$8 \overline{)\ 8\ 1}$$

(15)

$$8 \overline{)\ 7\ 7}$$

(12)

$$5 \overline{)\ 7\ 5}$$

(16)

$$7 \overline{)\ 8\ 3}$$

ME02 (두 자리 수) ÷ (한 자리 수) (2)

● 나눗셈을 하시오.

(1)

$$4\overline{)6\ 7}$$

(2)

$$5\overline{)7\ 7}$$

(3)

$$8\overline{)8\ 4}$$

(4)

$$7\overline{)8\ 5}$$

(5)

$$9\overline{)6\ 9}$$

(6)

$$5\overline{)7\ 6}$$

(7)

$$9\overline{)8\ 3}$$

(8)

$$3\overline{)8\ 0}$$

(9)

$$9 \overline{)\ 6\ 0}$$

(13)

$$2 \overline{)\ 6\ 4}$$

(10)

$$4 \overline{)\ 8\ 1}$$

(14)

$$5 \overline{)\ 7\ 8}$$

(11)

$$8 \overline{)\ 8\ 2}$$

(15)

$$3 \overline{)\ 7\ 7}$$

(12)

$$6 \overline{)\ 8\ 3}$$

(16)

$$5 \overline{)\ 8\ 3}$$

ME02 (두 자리 수) ÷ (한 자리 수) (2)

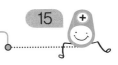

● 나눗셈을 하시오.

(1)

$8 \overline{)8\ 8}$

(2)

$4 \overline{)8\ 2}$

(3)

$2 \overline{)8\ 3}$

(4)

$6 \overline{)7\ 5}$

(5)

$3 \overline{)7\ 5}$

(6)

$8 \overline{)7\ 6}$

(7)

$9 \overline{)7\ 3}$

(8)

$7 \overline{)8\ 2}$

(9)

$2 \overline{)6\ 9}$

(13)

$6 \overline{)7\ 4}$

(10)

$4 \overline{)8\ 3}$

(14)

$9 \overline{)8\ 9}$

(11)

$6 \overline{)8\ 6}$

(15)

$8 \overline{)7\ 4}$

(12)

$9 \overline{)8\ 3}$

(16)

$5 \overline{)8\ 2}$

ME02 (두 자리 수) ÷ (한 자리 수) (2)

● 나눗셈을 하시오.

(1)

$$2 \overline{)6\ 0}$$

(2)

$$9 \overline{)7\ 6}$$

(3)

$$3 \overline{)8\ 2}$$

(4)

$$7 \overline{)8\ 4}$$

(5)

$$6 \overline{)6\ 0}$$

(6)

$$6 \overline{)8\ 0}$$

(7)

$$9 \overline{)8\ 2}$$

(8)

$$8 \overline{)8\ 6}$$

(9)

$$2 \overline{)8\ 4}$$

(13)

$$9 \overline{)7\ 6}$$

(10)

$$4 \overline{)7\ 7}$$

(14)

$$7 \overline{)7\ 6}$$

(11)

$$5 \overline{)8\ 1}$$

(15)

$$8 \overline{)6\ 9}$$

(12)

$$8 \overline{)8\ 5}$$

(16)

$$6 \overline{)7\ 9}$$

ME02 (두 자리 수) ÷ (한 자리 수) (2)

● 나눗셈을 하시오.

(1)

$2\overline{)8\ 2}$

(2)

$3\overline{)7\ 6}$

(3)

$5\overline{)8\ 4}$

(4)

$6\overline{)9\ 0}$

(5)

$4\overline{)7\ 8}$

(6)

$9\overline{)7\ 5}$

(7)

$7\overline{)8\ 8}$

(8)

$9\overline{)9\ 1}$

(9)

$$8 \overline{)75}$$

(13)

$$5 \overline{)91}$$

(10)

$$9 \overline{)77}$$

(14)

$$4 \overline{)94}$$

(11)

$$9 \overline{)95}$$

(15)

$$9 \overline{)86}$$

(12)

$$5 \overline{)86}$$

(16)

$$3 \overline{)88}$$

ME02 (두 자리 수) ÷ (한 자리 수) (2)

● 나눗셈을 하시오.

(1)

$$3 \overline{)85}$$

(2)

$$6 \overline{)78}$$

(3)

$$4 \overline{)85}$$

(4)

$$9 \overline{)84}$$

(5)

$$5 \overline{)95}$$

(6)

$$3 \overline{)92}$$

(7)

$$7 \overline{)94}$$

(8)

$$6 \overline{)94}$$

(9)

$$3\overline{)93}$$

(10)

$$6\overline{)85}$$

(11)

$$4\overline{)87}$$

(12)

$$9\overline{)92}$$

(13)

$$5\overline{)92}$$

(14)

$$4\overline{)91}$$

(15)

$$9\overline{)85}$$

(16)

$$7\overline{)93}$$

ME02 (두 자리 수) ÷ (한 자리 수) (2)

● 나눗셈을 하시오.

(1)

$8 \overline{)7\ 8}$

(5)

$5 \overline{)8\ 7}$

(2)

$3 \overline{)8\ 6}$

(6)

$7 \overline{)8\ 7}$

(3)

$4 \overline{)9\ 3}$

(7)

$6 \overline{)9\ 5}$

(4)

$9 \overline{)8\ 7}$

(8)

$7 \overline{)9\ 0}$

(9)

$5\overline{)7\ 9}$

(13)

$3\overline{)9\ 1}$

(10)

$4\overline{)9\ 0}$

(14)

$6\overline{)8\ 2}$

(11)

$9\overline{)8\ 8}$

(15)

$4\overline{)8\ 6}$

(12)

$9\overline{)7\ 0}$

(16)

$9\overline{)9\ 3}$

ME02 (두 자리 수) ÷ (한 자리 수) (2)

● 나눗셈을 하시오.

(1)

$$2 \overline{)4\ 4}$$

(5)

$$2 \overline{)9\ 1}$$

(2)

$$5 \overline{)4\ 1}$$

(6)

$$4 \overline{)3\ 1}$$

(3)

$$6 \overline{)6\ 4}$$

(7)

$$8 \overline{)7\ 9}$$

(4)

$$9 \overline{)9\ 4}$$

(8)

$$6 \overline{)9\ 2}$$

(9)

$4\overline{)55}$

(10)

$9\overline{)76}$

(11)

$6\overline{)87}$

(12)

$3\overline{)95}$

(13)

$2\overline{)32}$

(14)

$6\overline{)68}$

(15)

$5\overline{)85}$

(16)

$9\overline{)80}$

ME02 (두 자리 수) ÷ (한 자리 수) (2)

● 나눗셈을 하시오.

(1)

$2 \overline{)5\ 3}$

(5)

$3 \overline{)6\ 7}$

(2)

$5 \overline{)8\ 8}$

(6)

$7 \overline{)6\ 5}$

(3)

$4 \overline{)9\ 5}$

(7)

$9 \overline{)7\ 8}$

(4)

$6 \overline{)4\ 5}$

(8)

$7 \overline{)9\ 1}$

(9)

6$\overline{)33}$

(10)

4$\overline{)84}$

(11)

7$\overline{)57}$

(12)

9$\overline{)97}$

(13)

3$\overline{)58}$

(14)

7$\overline{)62}$

(15)

5$\overline{)93}$

(16)

6$\overline{)99}$

ME02 (두 자리 수)÷(한 자리 수) (2)

● 나눗셈을 하시오.

(1)

$$3\overline{)2\ 9}$$

(2)

$$2\overline{)7\ 9}$$

(3)

$$6\overline{)9\ 1}$$

(4)

$$9\overline{)7\ 9}$$

(5)

$$4\overline{)6\ 5}$$

(6)

$$8\overline{)6\ 6}$$

(7)

$$9\overline{)9\ 8}$$

(8)

$$5\overline{)8\ 9}$$

(9)

$9 \overline{)9\ 9}$

(10)

$5 \overline{)8\ 0}$

(11)

$2 \overline{)9\ 3}$

(12)

$4 \overline{)7\ 9}$

(13)

$3 \overline{)9\ 4}$

(14)

$6 \overline{)6\ 5}$

(15)

$7 \overline{)5\ 1}$

(16)

$7 \overline{)9\ 5}$

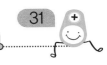

ME02 (두 자리 수) ÷ (한 자리 수) (2)

● 나눗셈을 하시오.

(1)

$$9 \overline{\smash{)}\, 9\ 0}$$

(2)

$$2 \overline{\smash{)}\, 8\ 7}$$

(3)

$$9 \overline{\smash{)}\, 4\ 2}$$

(4)

$$6 \overline{\smash{)}\, 8\ 4}$$

(5)

$$2 \overline{\smash{)}\, 6\ 1}$$

(6)

$$8 \overline{\smash{)}\, 7\ 0}$$

(7)

$$3 \overline{\smash{)}\, 9\ 7}$$

(8)

$$5 \overline{\smash{)}\, 9\ 4}$$

(9)

$3 \overline{) 8 \ 7}$

(13)

$8 \overline{) 3 \ 6}$

(10)

$6 \overline{) 5 \ 7}$

(14)

$5 \overline{) 6 \ 3}$

(11)

$7 \overline{) 4 \ 8}$

(15)

$7 \overline{) 8 \ 6}$

(12)

$2 \overline{) 5 \ 5}$

(16)

$4 \overline{) 9 \ 7}$

ME02 (두 자리 수) ÷ (한 자리 수) (2)

● 나눗셈을 하시오.

(1)

$5 \overline{)43}$

(2)

$6 \overline{)62}$

(3)

$2 \overline{)85}$

(4)

$3 \overline{)79}$

(5)

$4 \overline{)92}$

(6)

$6 \overline{)89}$

(7)

$7 \overline{)54}$

(8)

$8 \overline{)92}$

(9)

$$3\overline{)84}$$

(13)

$$3\overline{)65}$$

(10)

$$6\overline{)88}$$

(14)

$$8\overline{)54}$$

(11)

$$4\overline{)96}$$

(15)

$$8\overline{)94}$$

(12)

$$9\overline{)48}$$

(16)

$$8\overline{)98}$$

ME02 (두 자리 수) ÷ (한 자리 수) (2)

● 나눗셈을 하시오.

(1)

$6\overline{)6\ 6}$

(2)

$2\overline{)9\ 5}$

(3)

$4\overline{)8\ 9}$

(4)

$3\overline{)9\ 8}$

(5)

$5\overline{)9\ 6}$

(6)

$6\overline{)5\ 3}$

(7)

$5\overline{)6\ 9}$

(8)

$6\overline{)7\ 6}$

(9)

$$3 \overline{)5\ 2}$$

(13)

$$6 \overline{)9\ 7}$$

(10)

$$9 \overline{)9\ 2}$$

(14)

$$2 \overline{)9\ 7}$$

(11)

$$2 \overline{)7\ 7}$$

(15)

$$4 \overline{)8\ 8}$$

(12)

$$7 \overline{)3\ 4}$$

(16)

$$8 \overline{)4\ 6}$$

ME02 (두 자리 수)÷(한 자리 수)(2)

● |보기|와 같이 나눗셈을 하고, 검산하시오.

| 보기 |

$$\begin{array}{r} 8 \cdots 1 \\ 6{\overline{\smash{\big)}\,49}} \end{array}$$ 검산 $6 \times 8 + 1 = 49$

(1)

$$4{\overline{\smash{\big)}\,15}}$$ 검산 $4 \times \boxed{} + \boxed{} = \boxed{}$

(2)

$$5{\overline{\smash{\big)}\,37}}$$ 검산 $\boxed{} \times \boxed{} + \boxed{} = \boxed{}$

(3)

$$7{\overline{\smash{\big)}\,66}}$$ 검산 $\boxed{} \times \boxed{} + \boxed{} = \boxed{}$

Talk $6 \times 8 + 1 = 48 + 1 = 49$ (○) $6 \times 8 + 1 = 6 \times 9 = 54$ (×)
나눗셈의 검산에서는 곱셈을 먼저 계산한 후 덧셈을 계산합니다.

(4)

$$7 \overline{)4\ 8}$$

검산 $\boxed{} \times \boxed{} + \boxed{} = \boxed{}$

(5)

$$9 \overline{)9\ 1}$$

검산 $\boxed{} \times \boxed{} + \boxed{} = \boxed{}$

(6)

$$5 \overline{)4\ 8}$$

검산 $\boxed{} \times \boxed{} + \boxed{} = \boxed{}$

(7)

$$4 \overline{)2\ 9}$$

검산 $\boxed{} \times \boxed{} + \boxed{} = \boxed{}$

(8)

$$8 \overline{)8\ 2}$$

검산 $\boxed{} \times \boxed{} + \boxed{} = \boxed{}$

ME02 (두 자리 수) ÷ (한 자리 수) (2)

● 나눗셈을 하고, 검산하시오.

(1)

$$4\overline{)3\ 7}$$

검산 □ × □ + □ = □

(2)

$$5\overline{)5\ 8}$$

검산 □ × □ + □ = □

(3)

$$8\overline{)8\ 9}$$

검산 □ × □ + □ = □

(4)

$$2\overline{)8\ 9}$$

검산 □ × □ + □ = □

(5)

$$7\overline{)4\ 6}$$

검산 □ × □ + □ = □

(6)

$9 \overline{)\ 3\ 8}$

검산 $\boxed{} \times \boxed{} + \boxed{} = \boxed{}$

(7)

$8 \overline{)\ 4\ 9}$

검산 $\boxed{} \times \boxed{} + \boxed{} = \boxed{}$

(8)

$4 \overline{)\ 6\ 3}$

검산 $\boxed{} \times \boxed{} + \boxed{} = \boxed{}$

(9)

$6 \overline{)\ 5\ 8}$

검산 $\boxed{} \times \boxed{} + \boxed{} = \boxed{}$

(10)

$3 \overline{)\ 6\ 7}$

검산 $\boxed{} \times \boxed{} + \boxed{} = \boxed{}$

(세 자리 수)÷(한 자리 수) (1)

3주차

요일	교재 번호	학습한 날짜		확인
1일차(월)	01~08	월	일	
2일차(화)	09~16	월	일	
3일차(수)	17~24	월	일	
4일차(목)	25~32	월	일	
5일차(금)	33~40	월	일	

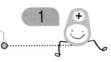

● 나눗셈을 하시오.

(1)

$$2\overline{)7\ 4}$$

(5)

$$4\overline{)2\ 5}$$

(2)

$$3\overline{)7\ 0}$$

(6)

$$5\overline{)9\ 0}$$

(3)

$$6\overline{)4\ 0}$$

(7)

$$8\overline{)9\ 9}$$

(4)

$$9\overline{)5\ 0}$$

(8)

$$6\overline{)9\ 8}$$

● 나눗셈을 하고, 검산하시오.

(9)

$7 \overline{)4\ 7}$

검산 $7 \times \boxed{} + \boxed{} = \boxed{}$

(10)

$8 \overline{)6\ 0}$

검산 $8 \times \boxed{} + \boxed{} = \boxed{}$

(11)

$6 \overline{)8\ 6}$

검산 $6 \times \boxed{} + \boxed{} = \boxed{}$

(12)

$9 \overline{)4\ 4}$

검산 $9 \times \boxed{} + \boxed{} = \boxed{}$

(13)

$5 \overline{)9\ 9}$

검산 $5 \times \boxed{} + \boxed{} = \boxed{}$

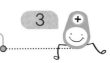

● 나눗셈을 하시오.

(1)

$$3 \overline{)1\ 5}$$

(5)

$$2 \overline{)1\ 8}$$

(2)

$$3 \overline{)1\ 5\ 0}$$

(6)

$$2 \overline{)1\ 8\ 0}$$

(3)

$$4 \overline{)1\ 2}$$

(7)

$$3 \overline{)2\ 4}$$

(4)

$$4 \overline{)1\ 2\ 0}$$

(8)

$$3 \overline{)2\ 4\ 0}$$

Talk

$$3 \overline{)1\ 5}^{\ \ 5}$$

15÷3=5는 구슬 15개를 3개의 접시에 똑같이 나누어 담으면 한 접시에 5개씩 담을 수 있다는 의미입니다.

$$3 \overline{)1\ 5\ 0}^{\ \ 5\ 0}$$

150÷3=50은 구슬 150개를 3개의 접시에 똑같이 나누어 담으면 한 접시에 50개씩 담을 수 있다는 의미입니다.

(9)

2⟌1 6

(13)

6⟌4 8

(10)

2⟌1 6 0

(14)

6⟌4 8 0

(11)

5⟌4 5

(15)

8⟌7 2

(12)

5⟌4 5 0

(16)

8⟌7 2 0

ME03 (세 자리 수) ÷ (한 자리 수) (1)

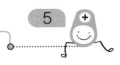

● 나눗셈을 하시오.

(1)

$2 \overline{)120}$

(5)

$3 \overline{)270}$

(2)

$5 \overline{)250}$

(6)

$4 \overline{)320}$

(3)

$2 \overline{)140}$

(7)

$4 \overline{)240}$

(4)

$4 \overline{)200}$

(8)

$5 \overline{)400}$

(9)

$$3\overline{)210}$$

(13)

$$3\overline{)180}$$

(10)

$$4\overline{)360}$$

(14)

$$5\overline{)350}$$

(11)

$$4\overline{)280}$$

(15)

$$4\overline{)160}$$

(12)

$$3\overline{)120}$$

(16)

$$5\overline{)300}$$

ME03 (세 자리 수) ÷ (한 자리 수) (1)

● 나눗셈을 하시오.

(1)

$6 \overline{)120}$

(2)

$8 \overline{)320}$

(3)

$9 \overline{)180}$

(4)

$6 \overline{)300}$

(5)

$7 \overline{)210}$

(6)

$6 \overline{)240}$

(7)

$7 \overline{)490}$

(8)

$8 \overline{)400}$

(9)

$$7 \overline{)140}$$

(13)

$$6 \overline{)180}$$

(10)

$$8 \overline{)240}$$

(14)

$$6 \overline{)420}$$

(11)

$$6 \overline{)360}$$

(15)

$$7 \overline{)280}$$

(12)

$$9 \overline{)540}$$

(16)

$$9 \overline{)630}$$

102 한솔 완벽한 연산

ME03 (세 자리 수) ÷ (한 자리 수) (1)

● 나눗셈을 하시오.

(1)

$$5\overline{)100}$$

(2)

$$8\overline{)560}$$

(3)

$$7\overline{)560}$$

(4)

$$5\overline{)200}$$

(5)

$$8\overline{)160}$$

(6)

$$7\overline{)420}$$

(7)

$$9\overline{)270}$$

(8)

$$7\overline{)630}$$

(9)

$$5)\overline{150}$$

(13)

$$8)\overline{640}$$

(10)

$$9)\overline{360}$$

(14)

$$9)\overline{720}$$

(11)

$$7)\overline{350}$$

(15)

$$8)\overline{480}$$

(12)

$$6)\overline{540}$$

(16)

$$9)\overline{810}$$

ME03 (세 자리 수) ÷ (한 자리 수) (1)

● |보기|와 같이 나눗셈을 하시오.

| 보기 |

$$
\begin{array}{r}
1\ 2\ 3 \\
3\overline{)3\ 6\ 9} \\
3 \\
\hline
6 \\
6 \\
\hline
9 \\
9 \\
\hline
0
\end{array}
$$

(2)

$$2\overline{)2\ 4\ 8}$$

(1)

$$2\overline{)4\ 8\ 0}$$

(3)

$$4\overline{)4\ 8\ 8}$$

Talk 과정을 쓰면서 계산 순서를 익힙니다. 계산에 익숙해지면, 과정을 쓰지 않고 바로 몫을 구하는 연습을 합니다.

(4)

$$2 \overline{)2\ 6\ 4}$$

(8)

$$3 \overline{)6\ 3\ 9}$$

(5)

$$3 \overline{)3\ 9\ 9}$$

(9)

$$5 \overline{)5\ 5\ 5}$$

(6)

$$2 \overline{)4\ 6\ 6}$$

(10)

$$2 \overline{)4\ 8\ 2}$$

(7)

$$4 \overline{)4\ 4\ 8}$$

(11)

$$4 \overline{)8\ 4\ 8}$$

ME03 (세 자리 수) ÷ (한 자리 수) (1)

● 나눗셈을 하시오.

(1)

$2\overline{)462}$

(4)

$3\overline{)573}$

(2)

$3\overline{)462}$

(5)

$2\overline{)536}$

(3)

$2\overline{)352}$

(6)

$4\overline{)536}$

(7)

$$3 \overline{)342}$$

(8)

$$4 \overline{)532}$$

(9)

$$3 \overline{)420}$$

(10)

$$4 \overline{)576}$$

(11)

$$2 \overline{)436}$$

(12)

$$2 \overline{)378}$$

(13)

$$3 \overline{)591}$$

(14)

$$2 \overline{)584}$$

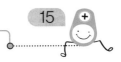

ME03 (세 자리 수) ÷ (한 자리 수) (1)

● |보기|와 같이 나눗셈을 하시오.

|보기|

```
      1 6 7
  2) 3 3 5
     2
     1 3
     1 2
       1 5
       1 4
         1
```

(2)
```
  3) 4 4 3
```

(1)
```
  2) 3 5 5
```

(3)
```
  4) 4 7 9
```

(4)

$3 \overline{)335}$

(8)

$2 \overline{)537}$

(5)

$3 \overline{)457}$

(9)

$3 \overline{)551}$

(6)

$4 \overline{)529}$

(10)

$3 \overline{)418}$

(7)

$2 \overline{)475}$

(11)

$3 \overline{)614}$

ME03 (세 자리 수) ÷ (한 자리 수) (1)

● 나눗셈을 하시오.

(1)

$2\overline{)260}$

(4)

$2\overline{)424}$

(2)

$2\overline{)488}$

(5)

$4\overline{)484}$

(3)

$3\overline{)396}$

(6)

$5\overline{)550}$

(7)

$2 \overline{\smash{)}362}$

(8)

$3 \overline{\smash{)}453}$

(9)

$2 \overline{\smash{)}596}$

(10)

$3 \overline{\smash{)}375}$

(11)

$4 \overline{\smash{)}492}$

(12)

$3 \overline{\smash{)}567}$

(13)

$2 \overline{\smash{)}357}$

(14)

$2 \overline{\smash{)}495}$

ME03 (세 자리 수) ÷ (한 자리 수) (1)

● 나눗셈을 하시오.

(1)

$2 \overline{)231}$

(4)

$2 \overline{)477}$

(2)

$2 \overline{)315}$

(5)

$3 \overline{)538}$

(3)

$3 \overline{)410}$

(6)

$3 \overline{)557}$

(7)

$$2 \overline{)219}$$

(8)

$$3 \overline{)422}$$

(9)

$$3 \overline{)550}$$

(10)

$$4 \overline{)634}$$

(11)

$$2 \overline{)423}$$

(12)

$$3 \overline{)389}$$

(13)

$$4 \overline{)525}$$

(14)

$$3 \overline{)658}$$

ME03 (세 자리 수) ÷ (한 자리 수) (1)

● 나눗셈을 하시오.

(1)

$2\overline{)318}$

(4)

$2\overline{)347}$

(2)

$3\overline{)381}$

(5)

$3\overline{)469}$

(3)

$2\overline{)234}$

(6)

$4\overline{)467}$

(7)

$$2 \overline{)327}$$

(8)

$$3 \overline{)455}$$

(9)

$$2 \overline{)332}$$

(10)

$$4 \overline{)436}$$

(11)

$$2 \overline{)372}$$

(12)

$$3 \overline{)390}$$

(13)

$$2 \overline{)551}$$

(14)

$$3 \overline{)523}$$

ME03 (세 자리 수)÷(한 자리 수) (1)

● 나눗셈을 하시오.

(1)

$$2\overline{)3\ 4\ 1}$$

(4)

$$3\overline{)3\ 2\ 3}$$

(2)

$$3\overline{)4\ 5\ 6}$$

(5)

$$3\overline{)4\ 1\ 4}$$

(3)

$$3\overline{)5\ 7\ 1}$$

(6)

$$2\overline{)4\ 2\ 6}$$

(7)

$$2 \overline{)363}$$

(11)

$$3 \overline{)442}$$

(8)

$$3 \overline{)363}$$

(12)

$$4 \overline{)552}$$

(9)

$$2 \overline{)496}$$

(13)

$$4 \overline{)487}$$

(10)

$$4 \overline{)547}$$

(14)

$$2 \overline{)574}$$

ME03 (세 자리 수)÷(한 자리 수)(1)

● 나눗셈을 하시오.

(1)

$$3 \overline{)\ 3\ 9\ 7}$$

(4)

$$3 \overline{)\ 4\ 2\ 9}$$

(2)

$$2 \overline{)\ 3\ 7\ 5}$$

(5)

$$4 \overline{)\ 5\ 5\ 9}$$

(3)

$$3 \overline{)\ 4\ 7\ 2}$$

(6)

$$4 \overline{)\ 5\ 4\ 4}$$

(7)

$$2\overline{)4\ 5\ 2}$$

(8)

$$4\overline{)4\ 0\ 5}$$

(9)

$$3\overline{)5\ 6\ 3}$$

(10)

$$2\overline{)5\ 3\ 2}$$

(11)

$$3\overline{)4\ 9\ 4}$$

(12)

$$3\overline{)5\ 8\ 4}$$

(13)

$$2\overline{)4\ 3\ 4}$$

(14)

$$4\overline{)5\ 6\ 9}$$

ME03 (세 자리 수) ÷ (한 자리 수) (1)

● |보기|와 같이 나눗셈을 하시오.

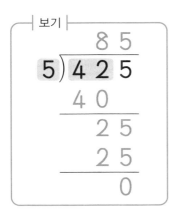

|보기|

```
      8 5
  5)4 2 5
    4 0
      2 5
      2 5
        0
```

(1)

```
2)1 2 8
```

(2)

```
2)1 8 6
```

(3)

```
3)1 4 4
```

(4)

```
4)2 6 4
```

(5)

```
5)3 4 5
```

Talk 425÷5에서 나뉠 수의 백의 자리 숫자 4가 나누는 수 5보다 작으므로 나눌 수 없습니다. 이런 경우, 백의 자리와 십의 자리 수를 같이 생각해야 합니다.

(6)

$3\overline{)246}$

(7)

$6\overline{)372}$

(8)

$8\overline{)272}$

(9)

$9\overline{)198}$

(10)

$2\overline{)196}$

(11)

$4\overline{)396}$

(12)

$5\overline{)480}$

(13)

$7\overline{)574}$

ME03 (세 자리 수)÷(한 자리 수) (1)

● |보기|와 같이 나눗셈을 하시오.

| 보기 |

```
      8 5
  5)4 2 7
    4 0
      2 7
      2 5
        2
```

(3)
```
  5)3 2 2
```

(1)
```
  3)1 7 0
```

(4)
```
  6)3 4 3
```

(2)
```
  4)2 6 2
```

(5)
```
  7)4 7 8
```

(6)

$2 \overline{) 1\ 4\ 5}$

(7)

$5 \overline{) 1\ 8\ 7}$

(8)

$5 \overline{) 2\ 4\ 1}$

(9)

$8 \overline{) 4\ 4\ 9}$

(10)

$4 \overline{) 2\ 3\ 3}$

(11)

$7 \overline{) 3\ 4\ 5}$

(12)

$6 \overline{) 3\ 3\ 1}$

(13)

$9 \overline{) 2\ 2\ 9}$

ME03 (세 자리 수) ÷ (한 자리 수) (1)

● 나눗셈을 하시오.

(1)

$$4 \overline{)149}$$

(4)

$$7 \overline{)174}$$

(2)

$$8 \overline{)310}$$

(5)

$$5 \overline{)376}$$

(3)

$$9 \overline{)559}$$

(6)

$$6 \overline{)269}$$

(7)

$$7 \overline{)2\ 1\ 3}$$

(11)

$$4 \overline{)1\ 8\ 7}$$

(8)

$$4 \overline{)2\ 3\ 4}$$

(12)

$$2 \overline{)1\ 5\ 9}$$

(9)

$$5 \overline{)3\ 4\ 4}$$

(13)

$$8 \overline{)4\ 6\ 6}$$

(10)

$$9 \overline{)2\ 2\ 6}$$

(14)

$$6 \overline{)3\ 6\ 4}$$

ME03 (세 자리 수) ÷ (한 자리 수) (1)

● 나눗셈을 하시오.

(1)

$2 \overline{)\,1\ 8\ 2}$

(4)

$5 \overline{)\,1\ 3\ 4}$

(2)

$3 \overline{)\,2\ 8\ 5}$

(5)

$7 \overline{)\,2\ 6\ 3}$

(3)

$4 \overline{)\,3\ 4\ 8}$

(6)

$4 \overline{)\,3\ 8\ 3}$

(7)

$$7 \overline{)\ 1\ 5\ 7}$$

(11)

$$6 \overline{)\ 2\ 5\ 4}$$

(8)

$$2 \overline{)\ 1\ 7\ 0}$$

(12)

$$3 \overline{)\ 1\ 7\ 4}$$

(9)

$$8 \overline{)\ 3\ 1\ 7}$$

(13)

$$5 \overline{)\ 3\ 3\ 4}$$

(10)

$$7 \overline{)\ 5\ 4\ 6}$$

(14)

$$9 \overline{)\ 4\ 8\ 6}$$

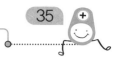

ME03 (세 자리 수) ÷ (한 자리 수) (1)

● 나눗셈을 하시오.

(1)

$$3\overline{)206}$$

(4)

$$4\overline{)384}$$

(2)

$$6\overline{)495}$$

(5)

$$5\overline{)465}$$

(3)

$$9\overline{)522}$$

(6)

$$7\overline{)531}$$

(7)

$$5\overline{)414}$$

(8)

$$8\overline{)456}$$

(9)

$$6\overline{)478}$$

(10)

$$7\overline{)655}$$

(11)

$$3\overline{)249}$$

(12)

$$4\overline{)356}$$

(13)

$$5\overline{)495}$$

(14)

$$8\overline{)667}$$

ME03 (세 자리 수) ÷ (한 자리 수) (1)

● 나눗셈을 하시오.

(1)

$3 \overline{) 2\ 7\ 8}$

(4)

$4 \overline{) 3\ 0\ 8}$

(2)

$6 \overline{) 4\ 9\ 2}$

(5)

$7 \overline{) 5\ 7\ 7}$

(3)

$8 \overline{) 5\ 3\ 9}$

(6)

$5 \overline{) 3\ 7\ 0}$

(7)

$$4\overline{)295}$$

(11)

$$5\overline{)386}$$

(8)

$$3\overline{)216}$$

(12)

$$7\overline{)441}$$

(9)

$$6\overline{)396}$$

(13)

$$9\overline{)576}$$

(10)

$$7\overline{)675}$$

(14)

$$8\overline{)549}$$

ME03 (세 자리 수) ÷ (한 자리 수) (1)

● 나눗셈을 하시오.

(1)

$3\overline{)256}$

(4)

$5\overline{)460}$

(2)

$6\overline{)256}$

(5)

$9\overline{)498}$

(3)

$7\overline{)385}$

(6)

$8\overline{)579}$

(7)

$$4 \overline{)336}$$

(8)

$$5 \overline{)437}$$

(9)

$$6 \overline{)409}$$

(10)

$$8 \overline{)548}$$

(11)

$$7 \overline{)322}$$

(12)

$$8 \overline{)593}$$

(13)

$$7 \overline{)676}$$

(14)

$$9 \overline{)657}$$

(세 자리 수)÷(한 자리 수) (2)

4주차

요일	교재 번호	학습한 날짜		확인
1일차(월)	01~08	월	일	
2일차(화)	09~16	월	일	
3일차(수)	17~24	월	일	
4일차(목)	25~32	월	일	
5일차(금)	33~40	월	일	

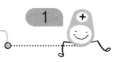

● 나눗셈을 하시오.

(1)

$$4 \overline{)324}$$

(4)

$$6 \overline{)549}$$

(2)

$$3 \overline{)267}$$

(5)

$$8 \overline{)632}$$

(3)

$$7 \overline{)430}$$

(6)

$$5 \overline{)472}$$

(7)

$$2\overline{)156}$$

(8)

$$4\overline{)237}$$

(9)

$$5\overline{)375}$$

(10)

$$8\overline{)643}$$

(11)

$$4\overline{)392}$$

(12)

$$6\overline{)565}$$

(13)

$$9\overline{)476}$$

(14)

$$7\overline{)448}$$

● 나눗셈을 하시오.

(1)

$2\overline{)139}$

(4)

$3\overline{)448}$

(2)

$3\overline{)378}$

(5)

$7\overline{)526}$

(3)

$4\overline{)296}$

(6)

$5\overline{)586}$

(7)

$$5 \overline{)328}$$

(8)

$$6 \overline{)469}$$

(9)

$$3 \overline{)478}$$

(10)

$$6 \overline{)616}$$

(11)

$$4 \overline{)504}$$

(12)

$$5 \overline{)353}$$

(13)

$$9 \overline{)594}$$

(14)

$$2 \overline{)539}$$

ME04 (세 자리 수) ÷ (한 자리 수) (2)

● 나눗셈을 하시오.

(1)

$3)\overline{164}$

(4)

$4)\overline{631}$

(2)

$5)\overline{355}$

(5)

$2)\overline{672}$

(3)

$9)\overline{337}$

(6)

$2)\overline{595}$

(7)

$7\overline{)458}$

(8)

$4\overline{)597}$

(9)

$3\overline{)717}$

(10)

$5\overline{)677}$

(11)

$5\overline{)358}$

(12)

$2\overline{)545}$

(13)

$8\overline{)472}$

(14)

$9\overline{)757}$

● 나눗셈을 하시오.

(1)

4) 3 4 4

(4)

3) 4 7 0

(2)

5) 5 2 9

(5)

7) 3 6 8

(3)

2) 5 5 5

(6)

8) 6 9 1

(7)

$$5\overline{)319}$$

(11)

$$2\overline{)579}$$

(8)

$$7\overline{)567}$$

(12)

$$3\overline{)738}$$

(9)

$$2\overline{)770}$$

(13)

$$8\overline{)565}$$

(10)

$$4\overline{)675}$$

(14)

$$7\overline{)573}$$

ME04 (세 자리 수) ÷ (한 자리 수) (2)

● 나눗셈을 하시오.

(1)

$2\overline{)385}$

(2)

$9\overline{)487}$

(3)

$4\overline{)570}$

(4)

$5\overline{)444}$

(5)

$3\overline{)615}$

(6)

$8\overline{)624}$

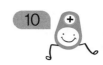

(7)

$$8\overline{)283}$$

(8)

$$7\overline{)374}$$

(9)

$$4\overline{)635}$$

(10)

$$3\overline{)673}$$

(11)

$$5\overline{)447}$$

(12)

$$2\overline{)588}$$

(13)

$$8\overline{)576}$$

(14)

$$5\overline{)728}$$

ME04 (세 자리 수) ÷ (한 자리 수) (2)

● 나눗셈을 하시오.

(1)

$$7 \overline{)440}$$

(4)

$$2 \overline{)670}$$

(2)

$$6 \overline{)552}$$

(5)

$$4 \overline{)625}$$

(3)

$$5 \overline{)718}$$

(6)

$$8 \overline{)749}$$

(7)

$5 \overline{)380}$

(8)

$3 \overline{)770}$

(9)

$6 \overline{)459}$

(10)

$2 \overline{)867}$

(11)

$4 \overline{)656}$

(12)

$8 \overline{)575}$

(13)

$3 \overline{)736}$

(14)

$7 \overline{)654}$

ME04 (세 자리 수) ÷ (한 자리 수) (2)

● 나눗셈을 하시오.

(1)

$$5\overline{)461}$$

(4)

$$8\overline{)726}$$

(2)

$$7\overline{)585}$$

(5)

$$3\overline{)825}$$

(3)

$$2\overline{)527}$$

(6)

$$6\overline{)847}$$

(7)

$$3 \overline{)593}$$

(8)

$$9 \overline{)477}$$

(9)

$$6 \overline{)673}$$

(10)

$$9 \overline{)859}$$

(11)

$$5 \overline{)433}$$

(12)

$$8 \overline{)658}$$

(13)

$$2 \overline{)714}$$

(14)

$$7 \overline{)934}$$

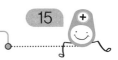

ME04 (세 자리 수) ÷ (한 자리 수) (2)

● 나눗셈을 하시오.

(1)

8$)\overline{4\ 9\ 6}$

(4)

5$)\overline{7\ 4\ 1}$

(2)

9$)\overline{5\ 8\ 0}$

(5)

2$)\overline{7\ 9\ 1}$

(3)

7$)\overline{6\ 6\ 2}$

(6)

3$)\overline{9\ 4\ 2}$

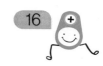

(7)

$$7 \overline{)504}$$

(8)

$$6 \overline{)861}$$

(9)

$$9 \overline{)542}$$

(10)

$$5 \overline{)880}$$

(11)

$$8 \overline{)547}$$

(12)

$$5 \overline{)746}$$

(13)

$$4 \overline{)958}$$

(14)

$$9 \overline{)871}$$

ME04 (세 자리 수) ÷ (한 자리 수) (2)

● 나눗셈을 하시오.

(1)

$7 \overline{)471}$

(4)

$3 \overline{)589}$

(2)

$8 \overline{)684}$

(5)

$9 \overline{)567}$

(3)

$4 \overline{)745}$

(6)

$2 \overline{)767}$

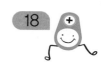

(7)

$5\overline{)458}$

(8)

$8\overline{)499}$

(9)

$7\overline{)596}$

(10)

$5\overline{)856}$

(11)

$9\overline{)675}$

(12)

$4\overline{)714}$

(13)

$3\overline{)915}$

(14)

$7\overline{)789}$

ME04 (세 자리 수) ÷ (한 자리 수) (2)

● 나눗셈을 하시오.

(1)

$$4 \overline{)137}$$

(4)

$$2 \overline{)235}$$

(2)

$$7 \overline{)483}$$

(5)

$$9 \overline{)561}$$

(3)

$$5 \overline{)687}$$

(6)

$$3 \overline{)711}$$

(7)

$$7 \overline{)489}$$

(11)

$$5 \overline{)784}$$

(8)

$$8 \overline{)689}$$

(12)

$$9 \overline{)769}$$

(9)

$$2 \overline{)2486}$$

(13)

$$3 \overline{)3639}$$

(10) $240 \div 2 =$

(14) $455 \div 5 =$

ME04 (세 자리 수) ÷ (한 자리 수) (2)

● 나눗셈을 하시오.

(1)

$4 \overline{)256}$

(4)

$5 \overline{)417}$

(2)

$2 \overline{)407}$

(5)

$3 \overline{)560}$

(3)

$7 \overline{)645}$

(6)

$8 \overline{)944}$

(7)

$$3\overline{)161}$$

(11)

$$7\overline{)660}$$

(8)

$$4\overline{)781}$$

(12)

$$9\overline{)921}$$

(9)

$$3\overline{)3069}$$

(13)

$$4\overline{)8480}$$

(10) $486 \div 6 =$

(14) $684 \div 2 =$

ME04 (세 자리 수) ÷ (한 자리 수) (2)

● 나눗셈을 하시오.

(1)

$$3\overline{)3\ 0\ 7}$$

(4)

$$8\overline{)6\ 6\ 5}$$

(2)

$$6\overline{)5\ 5\ 3}$$

(5)

$$9\overline{)8\ 7\ 3}$$

(3)

$$5\overline{)7\ 6\ 8}$$

(6)

$$6\overline{)8\ 8\ 8}$$

(7)

$$8 \overline{)493}$$

(11)

$$7 \overline{)690}$$

(8)

$$4 \overline{)590}$$

(12)

$$4 \overline{)976}$$

(9)

$$2 \overline{)6241}$$

(13)

$$3 \overline{)9632}$$

(10) $469 \div 2 =$

(14) $635 \div 7 =$

ME04 (세 자리 수) ÷ (한 자리 수) (2)

● 나눗셈을 하시오.

(1)

$4\overline{)147}$

(4)

$7\overline{)270}$

(2)

$2\overline{)367}$

(5)

$5\overline{)874}$

(3)

$6\overline{)568}$

(6)

$3\overline{)987}$

(7)

$$7 \overline{)507}$$

(11)

$$8 \overline{)696}$$

(8)

$$5 \overline{)734}$$

(12)

$$4 \overline{)791}$$

(9)

$$4 \overline{)2408}$$

(13)

$$6 \overline{)3660}$$

(10) $159 \div 3 =$

(14) $842 \div 2 =$

ME04 (세 자리 수) ÷ (한 자리 수) (2)

● 나눗셈을 하시오.

(1)

$3 \overline{) 1\ 7\ 6}$

(4)

$5 \overline{) 3\ 6\ 9}$

(2)

$4 \overline{) 8\ 2\ 8}$

(5)

$2 \overline{) 8\ 5\ 1}$

(3)

$8 \overline{) 7\ 6\ 8}$

(6)

$6 \overline{) 9\ 5\ 0}$

(7)

$$7 \overline{)983}$$

(11)

$$6 \overline{)854}$$

(8)

$$9 \overline{)696}$$

(12)

$$5 \overline{)274}$$

(9)

$$5 \overline{)3055}$$

(13)

$$8 \overline{)5684}$$

(10) $420 \div 5 =$

(14) $648 \div 6 =$

ME04 (세 자리 수) ÷ (한 자리 수) (2)

● 나눗셈을 하시오.

(1)

$6\overline{)264}$

(4)

$7\overline{)346}$

(2)

$4\overline{)496}$

(5)

$2\overline{)581}$

(3)

$5\overline{)788}$

(6)

$6\overline{)978}$

(7)

$$8\overline{)382}$$

(11)

$$3\overline{)529}$$

(8)

$$9\overline{)835}$$

(12)

$$4\overline{)957}$$

(9)

$$5\overline{)4553}$$

(13)

$$4\overline{)2805}$$

(10) $824 \div 4 =$

(14) $470 \div 5 =$

ME04 (세 자리 수) ÷ (한 자리 수) (2)

● 나눗셈을 하시오.

(1)

$2\overline{)137}$

(4)

$4\overline{)678}$

(2)

$9\overline{)796}$

(5)

$7\overline{)588}$

(3)

$3\overline{)839}$

(6)

$4\overline{)952}$

(7)

$$2\overline{)339}$$

(11)

$$7\overline{)479}$$

(8)

$$9\overline{)818}$$

(12)

$$6\overline{)939}$$

(9)

$$8\overline{)6482}$$

(13)

$$9\overline{)7299}$$

(10) $273 \div 3 =$

(14) $923 \div 4 =$

ME04 (세 자리 수) ÷ (한 자리 수) (2)

● 나눗셈을 하시오.

(1)

$3\overline{)379}$

(4)

$4\overline{)839}$

(2)

$7\overline{)553}$

(5)

$7\overline{)692}$

(3)

$8\overline{)763}$

(6)

$3\overline{)974}$

(7)

$$3\overline{)777}$$

(11)

$$8\overline{)584}$$

(8)

$$9\overline{)617}$$

(12)

$$8\overline{)977}$$

(9)

$$4\overline{)3684}$$

(13)

$$7\overline{)4973}$$

(10) $650 \div 5 =$

(14) $546 \div 6 =$

ME04 (세 자리 수) ÷ (한 자리 수) (2)

● 나눗셈을 하시오.

(1)

$5 \overline{)\ 3\ 7\ 1}$

(4)

$8 \overline{)\ 2\ 3\ 0}$

(2)

$9 \overline{)\ 4\ 9\ 5}$

(5)

$8 \overline{)\ 7\ 5\ 5}$

(3)

$3 \overline{)\ 8\ 3\ 8}$

(6)

$4 \overline{)\ 9\ 6\ 0}$

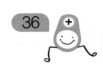

(7)

$$6\overline{)294}$$

(11)

$$4\overline{)755}$$

(8)

$$9\overline{)678}$$

(12)

$$6\overline{)877}$$

(9)

$$6\overline{)5466}$$

(13)

$$5\overline{)7050}$$

(10) $184 \div 2 =$

(14) $753 \div 3 =$

ME04 (세 자리 수) ÷ (한 자리 수) (2)

● 나눗셈을 하시오.

(1)

$8 \overline{\smash{)}295}$

(4)

$7 \overline{\smash{)}498}$

(2)

$9 \overline{\smash{)}378}$

(5)

$6 \overline{\smash{)}587}$

(3)

$2 \overline{\smash{)}915}$

(6)

$4 \overline{\smash{)}996}$

(7)

$$6 \overline{)179}$$

(11)

$$5 \overline{)374}$$

(8)

$$4 \overline{)690}$$

(12)

$$8 \overline{)875}$$

(9)

$$7 \overline{)3507}$$

(13)

$$3 \overline{)8436}$$

(10) $612 \div 6 =$

(14) $936 \div 3 =$

ME04 (세 자리 수) ÷ (한 자리 수) (2)

● 나눗셈을 하시오.

(1)

$4 \overline{)\, 2\ 3\ 8}$

(4)

$6 \overline{)\, 4\ 8\ 8}$

(2)

$5 \overline{)\, 5\ 9\ 8}$

(5)

$3 \overline{)\, 7\ 5\ 8}$

(3)

$7 \overline{)\, 6\ 4\ 4}$

(6)

$2 \overline{)\, 9\ 3\ 6}$

(7)

$$8 \overline{)393}$$

(11)

$$4 \overline{)753}$$

(8)

$$7 \overline{)540}$$

(12)

$$6 \overline{)829}$$

(9)

$$4 \overline{)3246}$$

(13)

$$5 \overline{)6095}$$

(10) $288 \div 4 =$

(14) $955 \div 5 =$

ME단계 7권

학교 연산 대비하자

연산 UP

● 나눗셈을 하시오.

(1)

$2 \overline{)\ 7\ 7}$

(5)

$5 \overline{)\ 7\ 4}$

(2)

$4 \overline{)\ 5\ 8}$

(6)

$8 \overline{)\ 6\ 0}$

(3)

$3 \overline{)\ 8\ 2}$

(7)

$6 \overline{)\ 9\ 1}$

(4)

$7 \overline{)\ 3\ 9}$

(8)

$9 \overline{)\ 9\ 7}$

(9)

$3\overline{)7\ 9}$

(10)

$2\overline{)8\ 3}$

(11)

$6\overline{)3\ 8}$

(12)

$5\overline{)9\ 2}$

(13)

$4\overline{)6\ 7}$

(14)

$7\overline{)8\ 9}$

(15)

$8\overline{)9\ 4}$

(16)

$9\overline{)5\ 3}$

● 나눗셈을 하시오.

(1)

$$2 \overline{)140}$$

(2)

$$3 \overline{)243}$$

(3)

$$4 \overline{)168}$$

(4)

$$5 \overline{)360}$$

(5)

$$6 \overline{)372}$$

(6)

$$7 \overline{)266}$$

(7)

$$8 \overline{)744}$$

(8)

$$9 \overline{)576}$$

(9)

3)543

(10)

4)668

(11)

2)876

(12)

5)785

(13)

7)875

(14)

6)846

(15)

9)972

(16)

8)960

● 나눗셈을 하시오.

(1)

$2 \overline{)7\ 6\ 3}$

(5)

$6 \overline{)8\ 4\ 8}$

(2)

$8 \overline{)5\ 2\ 4}$

(6)

$4 \overline{)6\ 7\ 6}$

(3)

$3 \overline{)9\ 3\ 7}$

(7)

$7 \overline{)4\ 0\ 2}$

(4)

$5 \overline{)2\ 8\ 3}$

(8)

$9 \overline{)3\ 5\ 4}$

(9)

$$5 \overline{\smash{)}912}$$

(13)

$$3 \overline{\smash{)}460}$$

(10)

$$6 \overline{\smash{)}734}$$

(14)

$$2 \overline{\smash{)}599}$$

(11)

$$7 \overline{\smash{)}538}$$

(15)

$$9 \overline{\smash{)}697}$$

(12)

$$4 \overline{\smash{)}895}$$

(16)

$$8 \overline{\smash{)}473}$$

● 빈 곳에 알맞은 수를 써넣으시오.

(1)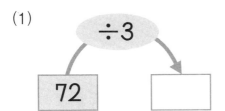

(5)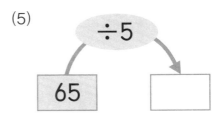

(2)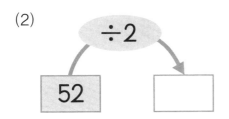

(6)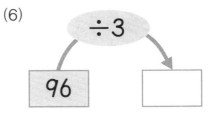

(3)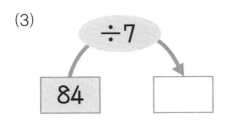

(7)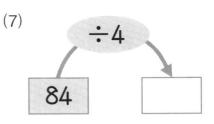

(4)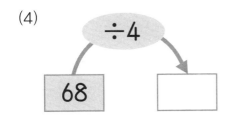

(8)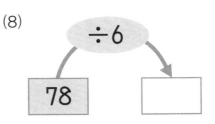

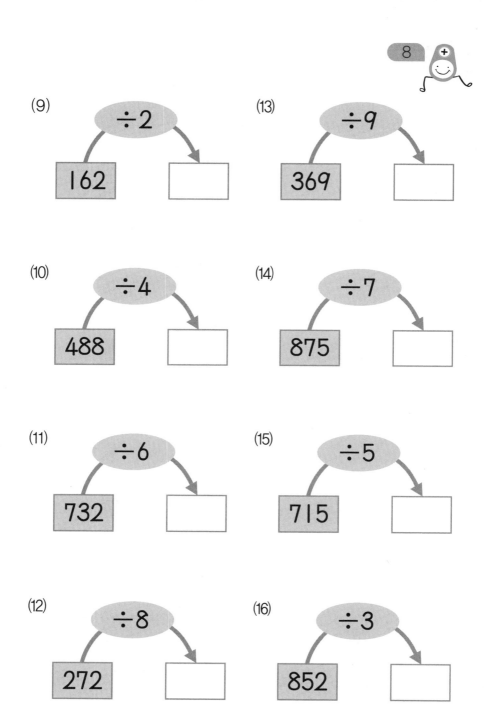

(9) ÷2 162 □

(13) ÷9 369 □

(10) ÷4 488 □

(14) ÷7 875 □

(11) ÷6 732 □

(15) ÷5 715 □

(12) ÷8 272 □

(16) ÷3 852 □

8

● □ 안에는 몫을, ○ 안에는 나머지를 써넣으시오.

(1)

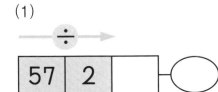

(4)

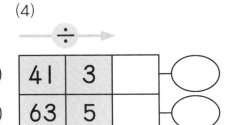

(2)

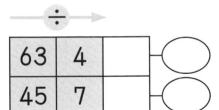

(5)

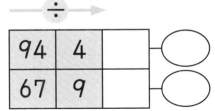

(3)

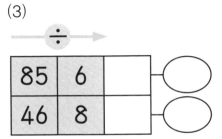

(6)

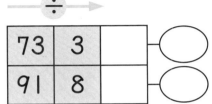

(7)

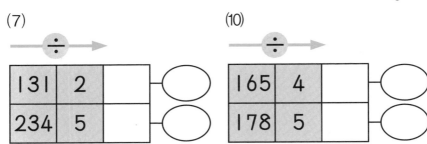

131	2		
234	5		

(10)

165	4		
178	5		

(8)

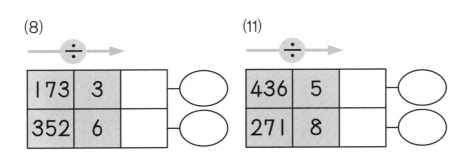

173	3		
352	6		

(11)

436	5		
271	8		

(9)

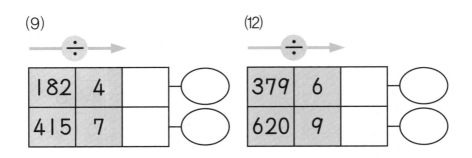

182	4		
415	7		

(12)

379	6		
620	9		

● □ 안에는 몫을, ○ 안에는 나머지를 써넣으시오.

(1)

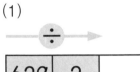

629	2		
873	4		

(2)

÷

748	3		
647	5		

(3)

÷

526	4		
795	7		

(4)

÷

814	5		
822	8		

(5)

÷

962	3		
943	6		

(6)

÷

433	2		
969	9		

(7)

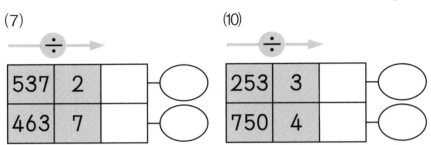

537	2	
463	7	

(10)

253	3	
750	4	

(8)

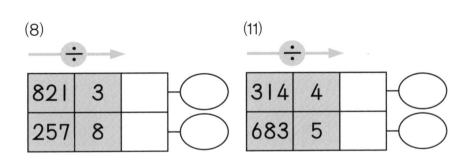

821	3	
257	8	

(11)

314	4	
683	5	

(9)

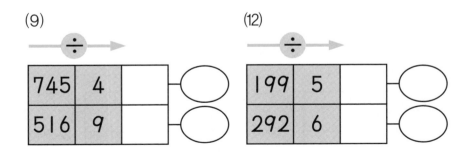

745	4	
516	9	

(12)

199	5	
292	6	

● 다음을 읽고 물음에 답하시오.

(1) 공책이 45권 있습니다. 3명이 공책을 똑같이 나누어 가지려고 합니다. 한 명이 몇 권을 가져야 합니까?

(   )

(2) 56명의 학생이 자연 관찰 학습을 갔습니다. 한 모둠에 4명씩 똑같이 나누어 곤충을 관찰하려면 몇 모둠으로 나누어야 합니까?

(   )

(3) 달기기 선수가 6초 동안 72 m를 달렸습니다. 1초에 몇 m를 달린 셈입니까?

(   )

(4) 장미 **84**송이를 꽃병 한 개에 **6**송이씩 꽂으려고 합니다.
꽃병은 몇 개 필요하고, 몇 송이가 남습니까?

(   ), (   )

(5) 색종이 **85**장을 한 명에게 **7**장씩 나누어 주려고 합니다.
색종이는 몇 명에게 나누어 줄 수 있고, 몇 장이 남습니
까?

(   ), (   )

(6) 고구마가 **93**개 있습니다. 다섯 가구에 똑같이 나누어 준
다면 한 가구에 몇 개씩 나누어 주고, 몇 개가 남습니까?

(   ), (   )

● 다음을 읽고 물음에 답하시오.

(1) 곶감 **360**개를 **3**상자에 똑같이 나누어 담았습니다. 한 상자에 곶감을 몇 개씩 담을 수 있습니까?

(   )

(2) 연필 **112**자루를 한 명에게 **7**자루씩 나누어 주려고 합니다. 몇 명에게 나누어 줄 수 있습니까?

(   )

(3) 학생 **288**명이 놀이 공원에 놀러 왔습니다. 한 번에 **8**명씩 탈 수 있는 놀이 기구를 학생들이 모두 타려면 놀이 기구는 몇 번을 운행해야 합니까?

(   )

(4) 참외 136개를 한 봉지에 5개씩 담아 팔려고 합니다. 봉지에 담고 남은 참외는 몇 개입니까?

(   )

(5) 장난감 자동차 351대를 한 상자에 4대씩 포장하려고 합니다. 상자는 몇 상자가 되고, 몇 대가 남습니까?

(   ), (   )

(6) 색 테이프가 245 cm 있습니다. 이 색 테이프를 9 cm 씩 잘라 리본을 만들려고 합니다. 모두 몇 개의 리본을 만들 수 있고, 몇 cm가 남습니까?

(   ), (   )

ME 단계 7 권

정 답

ME01

1	2	3	4	5	6	7	8
(1) 10…1	(9) 13	(1) 12	(9) 4	(1) 9…3	(9) 14	(1) 11	(9) 15
(2) 12…2	(10) 15…1	(2) 10…2	(10) 16	(2) 10…1	(10) 18…1	(2) 6…1	(10) 2…4
(3) 27…1	(11) 10…2	(3) 13	(11) 8	(3) 12…1	(11) 4	(3) 8	(11) 11…1
(4) 17	(12) 16…2	(4) 11…2	(12) 5…4	(4) 9…1	(12) 7…4	(4) 5	(12) 5…1
(5) 24…1	(13) 20…1	(5) 6	(13) 2	(5) 7	(13) 4…4	(5) 8…1	(13) 12…1
(6) 11…5	(14) 11…1	(6) 6…2	(14) 19	(6) 5…1	(14) 10	(6) 19…1	(14) 4…6
(7) 22…1	(15) 13…5, 13, 5, 96	(7) 8…2	(15) 14	(7) 18	(15) 3…1	(7) 10	(15) 5…2
(8) 11…4	(16) 14…2, 14, 2, 72	(8) 5…5	(16) 14…1	(8) 16…1	(16) 7…1	(8) 11…1	(16) 10…1

ME01

9	10	11	12	13	14	15	16
(1) 5…1	(9) 5…4	(1) 4…3	(9) 8	(1) 6…3	(9) 2…6	(1) 4…5	(9) 4…5
(2) 11…2	(10) 14…1	(2) 24	(10) 6…2	(2) 15…1	(10) 15	(2) 20…1	(10) 8
(3) 12…1	(11) 15…1	(3) 10	(11) 9…2	(3) 11	(11) 6…3	(3) 6…2	(11) 16…1
(4) 8…1	(12) 17…1	(4) 7…3	(12) 6…2	(4) 4…2	(12) 11…3	(4) 22	(12) 3…2
(5) 6…2	(13) 6	(5) 6…1	(13) 14…1	(5) 6…1	(13) 14	(5) 11…1	(13) 7…2
(6) 6…3	(14) 6…4	(6) 12	(14) 14…2	(6) 22…1	(14) 5…5	(6) 13…1	(14) 16
(7) 11	(15) 16	(7) 5…6	(15) 12…1	(7) 4…8	(15) 21…1	(7) 7…3	(15) 23
(8) 13…1	(16) 8…3	(8) 10…3	(16) 11…2	(8) 10…1	(16) 5…1	(8) 4…7	(16) 21

17	18	19	20	21	22	23	24
(1) 3…4	(9) 4…4	(1) 20	(9) 3…8	(1) 5…3	(9) 4…3	(1) 5…3	(9) 13…2
(2) 23…1	(10) 8…2	(2) 5	(10) 5…3	(2) 4…3	(10) 10…3	(2) 4…5	(10) 28
(3) 5…2	(11) 15	(3) 17…2	(11) 18…2	(3) 9	(11) 12…3	(3) 28…1	(11) 8…5
(4) 3…2	(12) 7…1	(4) 25…1	(12) 10…4	(4) 26…1	(12) 5…1	(4) 11…3	(12) 7…6
(5) 18…1	(13) 15…1	(5) 4…7	(13) 6	(5) 19	(13) 6…7	(5) 13…3	(13) 17…1
(6) 10…2	(14) 9	(6) 11…2	(14) 9…4	(6) 18	(14) 14…1	(6) 18…1	(14) 3…6
(7) 9…1	(15) 15…2	(7) 7	(15) 27	(7) 5…7	(15) 6…4	(7) 4…3	(15) 11…4
(8) 13…2	(16) 24	(8) 8…4	(16) 12…2	(8) 13…1	(16) 11…1	(8) 5…4	(16) 6…1

25	26	27	28	29	30	31	32
(1) 4…4	(9) 4…2	(1) 6…4	(9) 4…5	(1) 6…1	(9) 11	(1) 20…2	(9) 20…1
(2) 3…7	(10) 6…5	(2) 12…1	(10) 10…1	(2) 17	(10) 8	(2) 4…6	(10) 7…2
(3) 13	(11) 9	(3) 15…1	(11) 5…3	(3) 8…5	(11) 6…6	(3) 11…1	(11) 11…3
(4) 7…5	(12) 5…6	(4) 8…1	(12) 11…1	(4) 29	(12) 4…4	(4) 5…5	(12) 7…6
(5) 10…1	(13) 14	(5) 6…5	(13) 12…2	(5) 5…8	(13) 30…1	(5) 12…4	(13) 11…2
(6) 7…5	(14) 14…2	(6) 11…1	(14) 8…6	(6) 10…4	(14) 15…3	(6) 9…2	(14) 9
(7) 16…2	(15) 19…2	(7) 5…4	(15) 8…1	(7) 12…3	(15) 10…5	(7) 14…1	(15) 13…2
(8) 14…3	(16) 25	(8) 10…3	(16) 16	(8) 7…7	(16) 6…8	(8) 6	(16) 6…7

33	34	35	36	37
(1) 26	(9) 19	(1) 9…2	(9) 21…1	(1)
(2) 6…4	(10) 3…5	(2) 3…7	(10) 11	
(3) 6…5	(11) 6…2	(3) 13…1	(11) 12…1	(2)
(4) 6…6	(12) 4…1	(4) 5	(12) 6…3	
(5) 4	(13) 10…2	(5) 15…2	(13) 16…3	(3) 바른 계산임.
(6) 10	(14) 19…1	(6) 10	(14) 8…1	
(7) 13…3	(15) 5…1	(7) 9…3	(15) 5…2	
(8) 16…1	(16) 13…4	(8) 31…1	(16) 9…5	

(1) ($\times$) →
$$6 \overline{)4\ 9} \quad 8 \cdots 1$$

(2) ($\times$) →
$$7 \overline{)6\ 7} \quad 9 \cdots 4$$

38	39	40
(4) ($\times$) → $5\overline{)2\ 8}\ \ 5\cdots3$	(1) ($\times$) → $4\overline{)4\ 6}\ \ 1\ 1\cdots2$	(4) 바른 계산임.
(5) ($\times$) → $4\overline{)3\ 2}\ \ 8$	(2) 바른 계산임.	(5) ($\times$) → $6\overline{)2\ 3}\ \ 3\cdots5$
(6) 바른 계산임.	(3) ($\times$) → $8\overline{)5\ 4}\ \ 6\cdots6$	(6) ($\times$) → $5\overline{)4\ 6}\ \ 9\cdots1$
(7) ($\times$) → $8\overline{)6\ 1}\ \ 7\cdots5$		(7) ($\times$) → $2\overline{)6\ 9}\ \ 3\ 4\cdots1$
(8) ($\times$) → $8\overline{)2\ 8}\ \ 3\cdots4$		(8) ($\times$) → $6\overline{)5\ 1}\ \ 8\cdots3$

1	2	3	4	5	6	7	8
(1) 3···4	(9) 2···5	(1) 7···3	(9) 31···1	(1) 7···2	(9) 6···3	(1) 23	(9) 24···1
(2) 3···6	(10) 4···1	(2) 22	(10) 9···1	(2) 14	(10) 21	(2) 35···1	(10) 18
(3) 17	(11) 20	(3) 7···4	(11) 12	(3) 11···5	(11) 10···4	(3) 14···2	(11) 7···1
(4) 22···1	(12) 33···1	(4) 13	(12) 11···1	(4) 10···2	(12) 8···5	(4) 10···5	(12) 12
(5) 7···1	(13) 8···2	(5) 6···2	(13) 12···1	(5) 33	(13) 34	(5) 9···4	(13) 8···2
(6) 31	(14) 5···7	(6) 17···3	(14) 9···1	(6) 23···2	(14) 11···4	(6) 6···7	(14) 36
(7) 17···1	(15) 17	(7) 10···1	(15) 8···7	(7) 14···1	(15) 7···3	(7) 19	(15) 6···5
(8) 22···2	(16) 7···4	(8) 10	(16) 12···5	(8) 9···1	(16) 18···1	(8) 8···2	(16) 10···3

9	10	11	12	13	14	15	16
(1) 9···3	(9) 11	(1) 22···1	(9) 8···4	(1) 16···3	(9) 6···6	(1) 11	(9) 34···1
(2) 9···6	(10) 7···5	(2) 8···4	(10) 40···1	(2) 15···2	(10) 20···1	(2) 20···2	(10) 20···3
(3) 13···3	(11) 7···4	(3) 10	(11) 10···1	(3) 10···4	(11) 10···2	(3) 41···1	(11) 14···2
(4) 36···1	(12) 24···2	(4) 18···2	(12) 15	(4) 12···1	(12) 13···5	(4) 12···3	(12) 9···2
(5) 10···6	(13) 14···4	(5) 9···5	(13) 8···3	(5) 7···6	(13) 32	(5) 25	(13) 12···2
(6) 11···2	(14) 17···2	(6) 35	(14) 24	(6) 15···1	(14) 15···3	(6) 9···4	(14) 9···8
(7) 14···3	(15) 8···2	(7) 7···6	(15) 9···5	(7) 9···2	(15) 25···2	(7) 8···1	(15) 9···2
(8) 7···8	(16) 18···3	(8) 11···4	(16) 11···6	(8) 26···2	(16) 16···3	(8) 11···5	(16) 16···2

17	18	19	20	21	22	23	24
(1) 30	(9) 42	(1) 41	(9) 9···3	(1) 28···1	(9) 31	(1) 9···6	(9) 15···4
(2) 8···4	(10) 19···1	(2) 25···1	(10) 8···5	(2) 13	(10) 14···1	(2) 28···2	(10) 22···2
(3) 27···1	(11) 16···1	(3) 16···4	(11) 10···5	(3) 21···1	(11) 21···3	(3) 23···1	(11) 9···7
(4) 12	(12) 10···5	(4) 15	(12) 17···1	(4) 9···3	(12) 10···2	(4) 9···6	(12) 7···7
(5) 10	(13) 8···4	(5) 19···2	(13) 18···1	(5) 19	(13) 18···2	(5) 17···2	(13) 30···1
(6) 13···2	(14) 10···6	(6) 8···3	(14) 23···2	(6) 30···2	(14) 22···3	(6) 12···3	(14) 13···4
(7) 9···1	(15) 8···5	(7) 12···4	(15) 9···5	(7) 13···3	(15) 9···4	(7) 15···5	(15) 21···2
(8) 10···6	(16) 13···1	(8) 10···1	(16) 29···1	(8) 15···4	(16) 13···2	(8) 12···6	(16) 10···3

25	26	27	28	29	30
(1) 22	(9) 13···3	(1) 26···1	(9) 5···3	(1) 9···2	(9) 11
(2) 8···1	(10) 8···4	(2) 17···3	(10) 21	(2) 39···1	(10) 16
(3) 10···4	(11) 14···3	(3) 23···3	(11) 8···1	(3) 15···1	(11) 46···1
(4) 10···4	(12) 31···2	(4) 7···3	(12) 10···7	(4) 8···7	(12) 19···3
(5) 45···1	(13) 16	(5) 22···1	(13) 19···1	(5) 16···1	(13) 31···1
(6) 7···3	(14) 11···2	(6) 9···2	(14) 8···6	(6) 8···2	(14) 10···5
(7) 9···7	(15) 17	(7) 8···6	(15) 18···3	(7) 10···8	(15) 7···2
(8) 15···2	(16) 8···8	(8) 13	(16) 16···3	(8) 17···4	(16) 13···4

31	32	33	34	35	36
(1) 10	(9) 29	(1) 8…3	(9) 28	(1) 11	(9) 17…1
(2) 43…1	(10) 9…3	(2) 10…2	(10) 14…4	(2) 47…1	(10) 10…2
(3) 4…6	(11) 6…6	(3) 42…1	(11) 24	(3) 22…1	(11) 38…1
(4) 14	(12) 27…1	(4) 26…1	(12) 5…3	(4) 32…2	(12) 4…6
(5) 30…1	(13) 4…4	(5) 23	(13) 21…2	(5) 19…1	(13) 16…1
(6) 8…6	(14) 12…3	(6) 14…5	(14) 6…6	(6) 8…5	(14) 48…1
(7) 32…1	(15) 12…2	(7) 7…5	(15) 11…6	(7) 13…4	(15) 22
(8) 18…4	(16) 24…1	(8) 11…4	(16) 12…2	(8) 12…4	(16) 5…6

37	38	39	40
(1) 3…3, 4, 3, 3, 15	(4) 6…6, 7, 6, 6, 48	(1) 9…1, 4, 9, 1, 37	(6) 4…2, 9, 4, 2, 38
(2) 7…2, 5, 7, 2, 37	(5) 10…1, 9, 10, 1, 91	(2) 11…3, 5, 11, 3, 58	(7) 6…1, 8, 6, 1, 49
(3) 9…3, 7, 9, 3, 66	(6) 9…3, 5, 9, 3, 48	(3) 11…1, 8, 11, 1, 89	(8) 15…3, 4, 15, 3, 63
	(7) 7…1, 4, 7, 1, 29	(4) 44…1, 2, 44, 1, 89	(9) 9…4, 6, 9, 4, 58
	(8) 10…2, 8, 10, 2, 82	(5) 6…4, 7, 6, 4, 46	(10) 22…1, 3, 22, 1, 67

ME03

1	2	3	4	5	6	7	8
(1) 37	(9) 6…5, 6, 5, 47	(1) 5	(9) 8	(1) 60	(9) 70	(1) 20	(9) 20
(2) 23…1	(10) 7…4, 7, 4, 60	(2) 50	(10) 80	(2) 50	(10) 90	(2) 40	(10) 30
(3) 6…4		(3) 3	(11) 9	(3) 70	(11) 70	(3) 20	(11) 60
(4) 5…5	(11) 14…2, 14, 2, 86	(4) 30	(12) 90	(4) 50	(12) 40	(4) 50	(12) 60
(5) 6…1		(5) 9	(13) 8	(5) 90	(13) 60	(5) 30	(13) 30
(6) 18	(12) 4…8, 4, 8, 44	(6) 90	(14) 80	(6) 80	(14) 70	(6) 40	(14) 70
(7) 12…3		(7) 8	(15) 9	(7) 60	(15) 40	(7) 70	(15) 40
(8) 16…2	(13) 19…4, 19, 4, 99	(8) 80	(16) 90	(8) 80	(16) 60	(8) 50	(16) 70

ME03

9	10	11	12	13	14	15	16
(1) 20	(9) 30	(1) 240	(4) 132	(1) 231	(7) 114	(1) 177…1	(4) 111…2
(2) 70	(10) 40	(2) 124	(5) 133	(2) 154	(8) 133	(2) 147…2	(5) 152…1
(3) 80	(11) 50	(3) 122	(6) 233	(3) 176	(9) 140	(3) 119…3	(6) 132…1
(4) 40	(12) 90		(7) 112	(4) 191	(10) 144		(7) 237…1
(5) 20	(13) 80		(8) 213	(5) 268	(11) 218		(8) 268…1
(6) 60	(14) 80		(9) 111	(6) 134	(12) 189		(9) 183…2
(7) 30	(15) 60		(10) 241		(13) 197		(10) 139…1
(8) 90	(16) 90		(11) 212		(14) 292		(11) 204…2

ME03

17	18	19	20	21	22	23	24
(1) 130	(7) 181	(1) 115…1	(7) 109…1	(1) 159	(7) 163…1	(1) 170…1	(7) 181…1
(2) 244	(8) 151	(2) 157…1	(8) 140…2	(2) 127	(8) 151…2	(2) 152	(8) 121
(3) 132	(9) 298	(3) 136…2	(9) 183…1	(3) 117	(9) 166	(3) 190…1	(9) 248
(4) 212	(10) 125	(4) 238…1	(10) 158…2	(4) 173…1	(10) 109	(4) 107…2	(10) 136…3
(5) 121	(11) 123	(5) 179…1	(11) 211…1	(5) 156…1	(11) 186	(5) 138	(11) 147…1
(6) 110	(12) 189	(6) 185…2	(12) 129…2	(6) 116…3	(12) 130	(6) 213	(12) 138
	(13) 178…1		(13) 131…1		(13) 275…1		(13) 121…3
	(14) 247…1		(14) 219…1		(14) 174…1		(14) 287

ME03

25	26	27	28	29	30	31	32
(1) 132…1	(7) 226	(1) 64	(6) 82	(1) 56…2	(6) 72…1	(1) 37…1	(7) 30…3
(2) 187…1	(8) 101…1	(2) 93	(7) 62	(2) 65…2	(7) 37…2	(2) 38…6	(8) 58…2
(3) 157…1	(9) 187…2	(3) 48	(8) 34	(3) 64…2	(8) 48…1	(3) 62…1	(9) 68…4
(4) 143	(10) 266	(4) 66	(9) 22	(4) 57…1	(9) 56…1	(4) 24…6	(10) 25…1
(5) 139…3	(11) 164…2	(5) 69	(10) 98	(5) 68…2	(10) 58…1	(5) 75…1	(11) 46…3
(6) 136	(12) 194…2		(11) 99		(11) 49…2	(6) 44…5	(12) 79…1
	(13) 217		(12) 96		(12) 55…1		(13) 58…2
	(14) 142…1		(13) 82		(13) 25…4		(14) 60…4

ME03

33	34	35	36	37	38	39	40
(1) 91	(7) 22…3	(1) 68…2	(7) 82…4	(1) 92…2	(7) 73…3	(1) 85…1	(7) 84
(2) 95	(8) 85	(2) 82…3	(8) 57	(2) 82	(8) 72	(2) 42…4	(8) 87…2
(3) 87	(9) 39…5	(3) 58	(9) 79…4	(3) 67…3	(9) 66	(3) 55	(9) 68…1
(4) 26…4	(10) 78	(4) 96	(10) 93…4	(4) 77	(10) 96…3	(4) 92	(10) 68…4
(5) 37…4	(11) 42…2	(5) 93	(11) 83	(5) 82…3	(11) 77…1	(5) 55…3	(11) 46
(6) 95…3	(12) 58	(6) 75…6	(12) 89	(6) 74	(12) 63	(6) 72…3	(12) 74…1
	(13) 66…4		(13) 99		(13) 64		(13) 96…4
	(14) 54		(14) 83…3		(14) 68…5		(14) 73

ME04

1	2	3	4	5	6	7	8
(1) 81	(7) 78	(1) 69…1	(7) 65…3	(1) 54…2	(7) 65…3	(1) 86	(7) 63…4
(2) 89	(8) 59…1	(2) 126	(8) 78…1	(2) 71	(8) 149…1	(2) 105…4	(8) 81
(3) 61…3	(9) 75	(3) 74	(9) 159…1	(3) 37…4	(9) 239	(3) 277…1	(9) 385
(4) 91…3	(10) 80…3	(4) 149…1	(10) 102…4	(4) 157…3	(10) 135…2	(4) 156…2	(10) 168…3
(5) 79	(11) 98	(5) 75…1	(11) 126	(5) 336	(11) 71…3	(5) 52…4	(11) 289…1
(6) 94…2	(12) 94…1	(6) 117…1	(12) 70…3	(6) 297…1	(12) 272…1	(6) 86…3	(12) 246
	(13) 52…8		(13) 66		(13) 59		(13) 70…5
	(14) 64		(14) 269…1		(14) 84…1		(14) 81…6

ME04

9	10	11	12	13	14	15	16
(1) 192···1	(7) 35···3	(1) 62···6	(7) 76	(1) 92···1	(7) 197···2	(1) 62	(7) 72
(2) 54···1	(8) 53···3	(2) 92	(8) 256···2	(2) 83···4	(8) 53	(2) 64···4	(8) 143···3
(3) 142···2	(9) 158···3	(3) 143···3	(9) 76···3	(3) 263···1	(9) 112···1	(3) 94···4	(9) 60···2
(4) 88···4	(10) 224···1	(4) 335	(10) 433···1	(4) 90···6	(10) 95···4	(4) 148···1	(10) 176
(5) 205	(11) 89···2	(5) 156···1	(11) 164	(5) 275	(11) 86···3	(5) 395···1	(11) 68···3
(6) 78	(12) 294	(6) 93···5	(12) 71···7	(6) 141···1	(12) 82···2	(6) 314	(12) 149···1
	(13) 72		(13) 245···1		(13) 357		(13) 239···2
	(14) 145···3		(14) 93···3		(14) 133···3		(14) 96···7

ME04

17	18	19	20	21	22	23	24
(1) 67···2	(7) 91···3	(1) 34···1	(7) 69···6	(1) 64	(7) 53···2	(1) 102···1	(7) 61···5
(2) 85···4	(8) 62···3	(2) 69	(8) 86···1	(2) 203···1	(8) 195···1	(2) 92···1	(8) 147···2
(3) 186···1	(9) 85···1	(3) 137···2	(9) 1243	(3) 92···1	(9) 1023	(3) 153···3	(9) 3120···1
(4) 196···1	(10) 171···1	(4) 117···1	(10) 120	(4) 83···2	(10) 81	(4) 83···1	(10) 234···1
(5) 63	(11) 75	(5) 62···3	(11) 156···4	(5) 186···2	(11) 94···2	(5) 97	(11) 98···4
(6) 383···1	(12) 178···2	(6) 237	(12) 85···4	(6) 118	(12) 102···3	(6) 148	(12) 244
	(13) 305		(13) 1213		(13) 2120		(13) 3210···2
	(14) 112···5		(14) 91		(14) 342		(14) 90···5

25	26	27	28	29	30	31	32
(1) 36···3	(7) 72···3	(1) 58···2	(7) 140···3	(1) 44	(7) 47···6	(1) 68···1	(7) 169···1
(2) 183···1	(8) 146···4	(2) 207	(8) 77···3	(2) 124	(8) 92···7	(2) 88···4	(8) 90···8
(3) 94···4	(9) 602	(3) 96	(9) 611	(3) 157···3	(9) 910···3	(3) 279···2	(9) 810···2
(4) 38···4	(10) 53	(4) 73···4	(10) 84	(4) 49···3	(10) 206	(4) 169···2	(10) 91
(5) 174···4	(11) 87	(5) 425···1	(11) 142···2	(5) 290···1	(11) 176···1	(5) 84	(11) 68···3
(6) 329	(12) 197···3	(6) 158···2	(12) 54···4	(6) 163	(12) 239···1	(6) 238	(12) 156···3
	(13) 610		(13) 710···4		(13) 701···1		(13) 811
	(14) 421		(14) 108		(14) 94		(14) 230···3

33	34	35	36	37	38	39	40
(1) 126···1	(7) 259	(1) 74···1	(7) 49	(1) 36···7	(7) 29···5	(1) 59···2	(7) 49···1
(2) 79	(8) 68···5	(2) 55	(8) 75···3	(2) 42	(8) 172···2	(2) 119···3	(8) 77···1
(3) 95···3	(9) 921	(3) 279···1	(9) 911	(3) 457···1	(9) 501	(3) 92	(9) 811···2
(4) 209···3	(10) 130	(4) 28···6	(10) 92	(4) 71···1	(10) 102	(4) 81···2	(10) 72
(5) 98···6	(11) 73	(5) 94···3	(11) 188···3	(5) 97···5	(11) 74···4	(5) 252···2	(11) 188···1
(6) 324···2	(12) 122···1	(6) 240	(12) 146···1	(6) 249	(12) 109···3	(6) 468	(12) 138···1
	(13) 710···3		(13) 1410		(13) 2812		(13) 1219
	(14) 91		(14) 251		(14) 312		(14) 191

1	2	3	4	5	6	7	8
(1) 38…1	(9) 26…1	(1) 70	(9) 181	(1) 381…1	(9) 182…2	(1) 24	(9) 81
(2) 14…2	(10) 41…1	(2) 81	(10) 167	(2) 65…4	(10) 122…2	(2) 26	(10) 122
(3) 27…1	(11) 6…2	(3) 42	(11) 438	(3) 312…1	(11) 76…6	(3) 12	(11) 122
(4) 5…4	(12) 18…2	(4) 72	(12) 157	(4) 56…3	(12) 223…3	(4) 17	(12) 34
(5) 14…4	(13) 16…3	(5) 62	(13) 125	(5) 141…2	(13) 153…1	(5) 13	(13) 41
(6) 7…4	(14) 12…5	(6) 38	(14) 141	(6) 169	(14) 299…1	(6) 32	(14) 125
(7) 15…1	(15) 11…6	(7) 93	(15) 108	(7) 57…3	(15) 77…4	(7) 21	(15) 143
(8) 10…7	(16) 5…8	(8) 64	(16) 120	(8) 39…3	(16) 59…1	(8) 13	(16) 284

9	10	11	12
(1) 28…1, 12…4	(7) 65…1, 46…4	(1) 314…1, 218…1	(7) 268…1, 66…1
(2) 15…3, 6…3	(8) 57…2, 58…4	(2) 249…1, 129…2	(8) 273…2, 32…1
(3) 14…1, 5…6	(9) 45…2, 59…2	(3) 131…2, 113…4	(9) 186…1, 57…3
(4) 13…2, 12…3	(10) 41…1, 35…3	(4) 162…4, 102…6	(10) 84…1, 187…2
(5) 23…2, 7…4	(11) 87…1, 33…7	(5) 320…2, 157…1	(11) 78…2, 136…3
(6) 24…1, 11…3	(12) 63…1, 68…8	(6) 216…1, 107…6	(12) 39…4, 48…4

13	14	15	16
(1) 15권	(4) 14개, 0송이	(1) 120개	(4) 1개
(2) 14모둠	(5) 12명, 1장	(2) 16명	(5) 87상자, 3대
(3) 12`m	(6) 18개, 3개	(3) 36번	(6) 27개, 2`cm